*A Personal Narrative*

# ナチュラル・ヒストリーのよろこび

― 「田舎」に遊び、歴史に学ぶ ―

## 中林光生
Mitsuo Nakabayashi

渓水社

# まえがき

　ここまでずいぶん観察を楽しんだ。殆どが広島県内であるが、ずっと歩き回った。歩いた環境は大きく分けて３種類。最初に親しんだのは、広島市の市街地に近い牛田という古い住宅地、次は西中国山地の山麓にあるごく小さな集落、そして最後にまた広島市街地の近くに戻った。自宅は今では太田川のすぐ近くにある。その河原にヤナギの林が切られずに残っていて、その大きく育ったヤナギの林の林縁部に生き物たちが集まることに気づいたのである。

　その林縁部で私がしていることと、牛田の古い住宅地でしていたことは本質的に何も変わらない。正直のところ身近な自然に親しんできただけである。

　日本野鳥の会広島県支部の立ち上げに伴っても私は絶えず「身近な自然をじっくり見よう」と言い続けた。これは活動のための「うたい文句」ではなく、私自身の日頃抱いている思いをただ表現しただけある。この態度はずっと何十年も変わっていない。

　鳥の姿を見るのは楽しい。しかし、じっくり見るばかりというのは如何なものか。その楽しみの意義を時に考えてしまう。社会に背を向けて独りよがりな道に入り込んでいるのではないか。私がここで見たものに真実があると言える用意ができているか。

　鳥を見ることを楽しみながら、身近な誰でも知っていそうな生き物たちにかかわるばかりでは全く広がりがないのではないか、真実の追及はどうしたのかと言われかねない。これは大い

に悩ましい課題である。科学万能、データ万能の世界にあって、私は何をしてきたと問われるならば、ここではあえて情緒の存在を強調してきたと言おう。生き物を前にした観察者の心のときめきをおろそかにすると、観察という活動の根底にあるもの、観察の真実そのものが土台から揺らいでしまうのではないかと考えるからである。

　生き物たちの生の行動を長い時間をかけて見、その実際の姿に見える生命の輝き、息吹に真実があると信じているが、それでよいならば、私がこれから語ろうとしている行為はそこから外れるとは思えない。

　活動の参考にと、私は、この道の先達たちがどんなことを考えどんな風に振舞ったか、折に触れ辿ってみた。その一人、18世紀のイギリス人、ギルバート・ホワイトが自分の観察について書いたことを鏡として私自身の行動を時に反省した。ずいぶん長い間続けてきた私の観察という行動を見渡すためには文字にして書いてみるのが一番いいと思った。折々の活動を回想風にまとめてみれば、それが先の課題に対する私の思いの表明になると言っていいであろう。

　机に向かうと、しばしばホワイトの "All nature is so full" という言葉が頭に浮かんだ。ただ、このホワイトの言葉をかみしめながら、私は観察というものの土台になる事柄、情緒的側面についてよく考えてみたかった。生き物たちの命の輝きへの私の反応と、先達たちの経験をないまぜにしながら私の遊びの一場面一場面を取り上げてみることにした。

　2020 年 10 月 11 日

中林光生

# 目　　次

# 挿絵一覧

諸本　泉　画

**第1章**

Ⅰの①　よく遊んだ裏山の小道

Ⅰの②　ホワイトの墓

Ⅰの③　ホワイトの墓の銘

Ⅰの④　西中国山地で出会ったオニクワガタ（2014.9.1）

Ⅰの⑤　太田川の河原で見たトラフズク（2014.2.19）

**第2章**

Ⅱの①　牛田の地図（1980年頃）

Ⅱの②　小川の岩場に出てくるルリビタキの雄（1978.2.26）

Ⅱの③　アカメガシワの実

Ⅱの④　電線にとまるエゾビタキ

Ⅱの⑤　三宅幸子さん宅の石段

Ⅱの⑥　松にフクロウのイメージ図

Ⅱの⑦　牛田の群れの最後のつがい（1979.5.8）

**第3章**

Ⅲの①　太田川の河原にいたハイタカ（2005.12.12）

Ⅲの②　この雌は必ずここで夜を過ごす（1974.12.20）

Ⅲの③　巣作り期に典型的な雄と雌の並び方（1973.6.10）

Ⅲの④　巣に向かわないヤマセミの雌に雄が強く迫る

Ⅲの⑤　巣の少し下で「祈りのポーズ」をする雄

Ⅲの⑥　「ゴミ山ハイド」のイメージ図

**第4章**

Ⅳの①　これまででは最も立派な観察用腰掛け

Ⅳの②　彼は本の表紙を飾った

Ⅳの③　ホウロクシギとの印象的な出会い（1975.9.24）

# ナチュラル・ヒストリーのよろこび

―「田舎」に遊び、歴史に学ぶ―

# 第1章　ナチュラリストの肩書

　肩書は面倒だ。肩書はないに越したことはない。特に私のように山の茂みとか河原の草むらをウロウロする人間には必要ない、だいたい能書きを示して自分を宣伝する必要はないと言ってしまいがちだが、ごくまれに役立つこともある。知らない土地で少なくともどんな種類の人間なのかを、出くわした人に語ることになった時である。とはいえ、次の裏山の小道の絵で紹介する山道で人に会うことはほとんどなかった。

　というのも、そこは自分の庭のようなところだから、自分のことも人のことも意識することはないのだ。

Ⅰの①　よく遊んだ裏山の小道

3

その昔、私は夕方になるとこんな山道を歩いていた。もう50年も前のことである。そのころ私は20代の後半。広島にやってきてすぐ勤め先の裏山に続くこの道を時間があれば歩いた。全く何でもない山際の道なのだが、私はすぐその道になじんでしまった。およそ200メートルで山の茂みの中に入り込む短い坂道である。小さいころから一人で山を歩き回るのが好きだったので、これは絶好の環境に違いなかった。

## 1 山の小道

ごく最近、この記憶に間違いがないか試してみようとこの現場に行ってみた。50年も年月が経っているのにほとんど同じように小川は流れていた。裏山の小道の絵の通りだ。昔からここを散歩する人は私を除いて殆どなく、ここの写真を撮っている時も誰にも会わなかった。

昔、仕事が一段落するとここを歩いたのであった。かけがえのない遊び場である。たまたま通り過ぎるよそ者ではない。そこにずっといる者として、私は生き物たちがどのように生活しているのか、季節ごとにどのように主役が入れ替わるのか、この小さな環境の中で初めて実感できたのである。鳥たち一羽一羽によくなじみ、じっくりと見るようになった。私にとってとても貴重な場所であった。

春先、少し高いところで時に弁当を広げると、エナガたちがあちこちで巣作りをしている様子が一望できた。鳥たちのこの山での活動が身に染みるように伝わってくる環境と言うべきであろう。

　春遅くにはホトトギスがやってくる。ホトトギスがどのようにして笹の茂みのウグイスをその巣から追い出そうとするかその道でそっと伺うことも出来た。ウグイスはとても勇ましく鳴きたてているが、7メートルばかり高い木の上からホトトギスのつがいに大声で鳴きたてられると、そのうちウグイスは黙ってしまうのだ。ホトトギスの声はすぐ近くで聞くととてつもなく大きく耳をふさぎたくなるほどであった。

　夏に近づき会議が長びいて遅くなってもそれはそれで悪くなかった。外に出ると、その頃、1970年代の中ごろでも、ヨタカがよく飛んでいたのだ。辺りは暗いのだが薄明るい夜空を長い翼を伸ばし緩やかに飛んでいた。

　そんな生き物の姿に誰も気づかない。外の世界は人間には関係ないもののようだなと感じた。これは私の独り言である。人々は自分のことに忙しく、外の世界、特に夜の闇などはただの暗がりのようである。昔の人たちのようにそこに何かを感じる感性はどこに行ったのであろう。多くの人はヨタカを感じたこともなく、シカの声に耳を澄ます余裕もないように見えるのは残念としか言いようがないと思っていた。ヨタカだけではない。フクロウも鳴き、アオバズクも暗闇に飛ぶ。それは、暗い夜の世界でどれだけの生き物たちが活動しているかを示している。夜は無駄な世界ではないのである。

　現在の人たちは、子供のころから自然になじむ機会が少なく、自然界について伝える年寄りも少なかったのではないか。こんなことでは、日本人の将来は暗いな。頭で環境保護を知っ

ていても、この世界を広く知覚する情緒の力を取り戻さないと危ないと独りブツブツ言っていたのを思い出す。

この小道は、鳥の他にもいろんなものを用意してくれた。私は、昆虫のことはまるで知らないし、蝶に至っては、識別力はないに等しかった。それでも、蝶の持つ美しさには驚かされる。それも南方系だと一目でわかる。ある日、そんな蝶が目の前をヒラヒラとしているのを見た時は、さすがの私も緊張したのだ。名前ももちろん知らないが、その大きな濃い紫色の翅、それに、大きく白い一つの紋、これは何が何でもこんなところにいるものでないと確信した。

私の敬愛する先輩の同僚、桑原良敏先生がすぐ頭に浮かんだ。この人は蝶に凝っていたのですぐに知らせようとした。しかし、こんな時に限ってというべきだろう、宗教主任である大先輩の同僚、小黒薫先生がその散歩道にやってきた。あまりの陽気の良さに、昼食後ふらりと外に出たらしい。私は、まったく平静を保つしかなかった。

その大先輩も、

「きれいな蝶だね。」と見とれていた。それに答えて、

「はい、そうですね。」と私はかしこまって気のない返事をするばかりである。

しかし、小黒先輩はすっかり気分がよくなったのかまるで動かない。そのうち、その蝶はその先輩のワイシャツの肩に止まった。昼の散歩としては極上の一時であったに違いない。ただ、私は、それどころではない。一刻も早く桑原先生に教えた

いのだけれど、目の前の大先輩の喜びの笑顔を損ないたくない。じっとその場を動けなかった。

　良い天気だったので、その大先輩の白いワイシャツの肩に止まった大型の蝶の深い紫色の美しさは息をのむように輝いていた。

　結局その昼休みは何もできずに終わった。数時間後に桑原先輩にその出来事を伝えると、その先輩は慌てて採集用網を取り出してその現場に走ったらしい。その時には、もう姿はなかったということである。蝶好きの人は、あの大きな採集用網をいつもどこかに隠し持っているのである。その蝶はメスアカムラサキの雄だと教えられた。1975 年の秋のことである。

　蝶には特別の関心を持たない二人がその美しさを愛でたのだが、それは広島県では 3 例目のものらしい。申しわけないことになったが、実は、伝えるのが遅くなってよかったと密かに思った。ここでそんな南方系の蝶が冬を越し生きていくことはないであろうが、せめてこの山で少しでも生きていってほしい。先輩には悪いことになった。しかし、捕らえられ、ピンでショウケースにはりつけられるのを避けることができた。私は生き物がありのままに生きているのを見るのが好きなのである。


　冬は冬で暖地に集まる鳥たちにこの小川沿いで出会った。ツグミ類のシロハラ、トラツグミ、ベニマシコ、ミヤマホオジロにアリスイまで、鳥好きの職員、中田誠一さんと調べて、鳥はここで合計 62 種、この川に沿って 2.5 キロメートルほど街なかの方に調査地を伸ばすと計 92 種にもなった。(1969 ～ 1975)

こんな具合で私は他所にフィールドを探しに出かけなくても
よかった。探索して楽しいと思うフィールドの中にいたのだか
ら特に刺激を求める気もなく、ごく普通の鳥たちの生活、振る
舞いを幸いなことに体験しつづけていた。

　更に有難いことに友達の河野一郎さんが、ＪＲ広島駅のすぐ
北にある尾長山に標識調査の拠点を設けていて、渡り鳥に詳し
かった。その山から私のいる建物までそんなに遠くない。時々
仙人のような様子で山を下りて私の仕事部屋にやってくると、
その時々の鳥の渡りの状況などを教えてくれた。大抵は、白い
布製の袋に鳥を入れてやってきて、識別の難しい鳥たちを見せて
くれた。こんな有難い境遇が考えられるであろうか。

　彼はその尾長山に小屋まで建てずっと調査を続けていたか
ら、多くの渡り鳥の実態を知っていた。とても控えめな人で体
の不調にもめげずよく生きた。しかし、2015年7月に71歳で
亡くなった。残念であった。惜しい人を亡くしてしまった。


　今から思えば、これ以後もすべては偶然につぎつぎと起こっ
ていたのである。このような現象を自分は望んで広島にやって
来たのかというと、決して意識していなかったし、期待してい
たわけではない。仮にそうだとして、全ての人に等しくこんな
ことが降りかかるとはちょっと考えられないのである。とはい
え、この事態を楽しんでいるのだから、私の中に眠っていた願
望が引き出した側面があるというものであろうと思うことにし
た。大いに悩ましいのである。

　ともかく「観察が面白い」という気分はますます高まった。
こんなフィールドにいつもいるのは有難いことなのである。そ

んな時に静かに記憶の中に浮かんでくるのが、私の敬愛するイギリス人牧師、ギルバート・ホワイトであった。鳥の観察の道というものが仮にあるとすれば、その道の先達として時々思い出し、私の歩むべき道の道しるべにしていたのである。

## 2　先達ギルバート・ホワイト

その人の本、*The Natural History of Selborne* があるではないか。「少しのことにも先達はあらまほしきことなり」(『徒然草』) というものである。ホワイトは、よく知られているように18世紀の終わりころイギリス南部の小さな村に住んでいたお坊さんである。

日本で出版されたその本で私の記憶にあるのは、少し説明すると、研究社出版の英文学叢書の一冊である。その博物学的な書物が文学双書の一冊に選ばれているなど今から丁度80年前の編集者（たち）の幅広い見識に敬意を表したいのである。

何故かというと、ナチュラル・ヒストリーの元々の訳語は博物誌だからである。その内容は、博物誌という名前の通り全てセルボーンという小さな村の生き物たちの記録である。盛り上がりのある物語があるとは言えず、ただつつましく、淡々と正確に書かれているだけなのだ。もう少し語るとすれば、言葉を選び、自分の感情はできるだけ抑制しながら、生き物たちの生活を描くのである。

日記とは言えないかもしれないが、ホワイトは毎日馬に乗って教区を回るときに目にし、耳で聞き取ったことをポケットに入れたメモ帳に記入したという。そしてその記録を二人の生物

の専門家、一人は Thomas Pennant、もう一人は Daines Barrington に宛てて書き送った。手紙だから、その丁寧さはいっそう強く感じられるというものである。ホワイトの生き物について語るときの新鮮な喜びが、表現がつつましいだけに、文面に滲み出す。

そんなところは、この人の生き方が生み出すものに違いない。彼が生まれたその村は、イギリスのたいていの村同様、町になろうとする気配はどこにもなく、昔から一つも変わらない様子なのである。特にこのセルボーンは緑濃く、人も少なく、私が自動車を運転してその村の教会に到着するころにはもう18世紀の世界に入り込んだように思わせられた。そんな村で彼は牧師の子として生まれ、オックスフォード大学に行ったとき以外どこにも出なかったそうである。大学卒業後もすぐこの村に帰りその後もずっとこの静かな小さい村を離れなかった。そして、副牧師のままでこの世を去ったということだ。

ホワイトはお坊さんだから、神の摂理を説く仕事をしながらも、この村を中心にした生き物たちの真実に迫ることに熱心であった。自身の観察についても思いは確信に満ちており、自らのことを次のように手紙に書くほどであった。

"an out-door naturalist, one that takes his observations from the subject itself, and not from the writings of others."　　　　　　　　　　（Daines Barrington 宛　第1信）

つまり、他人の書いたものに頼らず、自分の屋外の観察こそ真実であるという立場を貫く人でもあった。その当時生き物に

携わる人たちがいかに室内で仕事をしていたかを暗示している。

　この主張はさらに続いて、第 10 信ではフクロウの鳴き声について細かい説明をし、この村では A flat で鳴くとか言いながら、ホワイトは、生き物の生活、意志の伝達（the life and conversation of animals）を探るのはとても難しく、それらを理解するにはもっと体を使い、しかも田舎に長く住むことでしかやりおおせないと付け加える。それゆえ先の引用のように、"an out-door naturalist" と自らの立場を言葉にしたのである。

　いつも控えめにふるまうホワイトも、そこで思い切って言ってしまったのだと思う。だから今の第 10 信では、更に、主張を強める。室内、つまり書斎で鳥に関する仕事をする人たちの表現は無味乾燥（bare descriptions）で、それでその人たちは満足していると批判するのである。ホワイトにしては珍しく興奮気味に語るのであるが、それだけ、観察の真実と、それを表現する言葉の選択に十分注意すべきであると肝に命じていたと思われる。自分の生の経験、知識を表すにはどんな言葉がふさわしいかと絶えず心を砕いていたようである。

　そのためであろう、彼はその一節の最初に "Faunist" などという言葉を使う。これが悩ましいのである。その第 10 信では、その人たちの言葉遣いが空虚だと非難しているから、ひどい日本語に解釈してもいいけれども、扱いに困るのである。それでもとオックスフォード英語大辞典を引いてみると、「土地の生き物を調べる人」と説明するだけである。ただ、その用例が 4 つしかなく、しかも、その用例の最初がホワイトの文通相手の Pennant なのである。ホワイトは Pennant に影響を受け

ている可能性があるのであろうが、今のところそれ以上 Pennant について調べる余裕はない。これはここでいくら論じてもらちが明かないであろうから打ち切ろう。

　ただし、ホワイトは、その Faunist たちを自分たちナチュラリストとはちょっと違う人たちとして、少し差別するニュアンスをその言葉に潜ませているようであることだけは言っておきたい。ホワイトは、ナチュラリストとしての誇りを大いに示したかったのだ。それでここでちょっと力みすぎたのではないか。この言葉はできれば避けてほしかったと思っているのである。

　ここで繰り返し語っておこう。彼はごく普通の田舎の村で、身近な生き物について観察を長く続け、それらの示す微妙な変化に注目し、更に遠くから移動してきたいつもと違う鳥に気を配り、気づいたことを淡々と記述した。ただ、それらの観察による事実を成果としてことさら前面に押し出そうとはしていない。あくまでも観察の喜びを表明することに徹しているように見える。とにかく、"an outdoor naturalist" としての自分を貫いているように私には見えるのである。

　このあたりの事情を知っていれば、彼は本当にたくさんの手紙に自分の記録、考察を書いて送っていながら、そして、その手紙を受け取った側は何度もそれらを出版するように勧めたらしいが、ホワイトは動かなかったのも納得がいくのではないか。彼は、あまりに慎重であったようで、本の形となって我々がよく知っているものは先にあげたものだけである。しかもそれは弟の Benjamin が出版したという。ホワイトについて、あ

ちこちで目に付く形容は、"unambitious"、つまり欲がないというものである。私としては、ホワイトを非常に短く評すれば次のようになるであろう。

　　ホワイトは、生物を調べるという行為を野外に連れ出した最初の人と言ってよいであろう。野外で観察すること、言語表現に心を配ること、生物の内面にまで迫ろうとするなどの点で、次の19世紀にたくさん出現する自然観察者のさきがけであった。

　私自身の話に戻って、5月中旬のある晴れた日、私はホワイトの住んでいたセルボーン村を訪ねた。その村の教会に着いてその辺りを散策すると、その教会の建物の脇に小さな長細い土のふくらみを見つけた。芝生に覆われ、イギリスらしくその芝

Iの②　ホワイトの墓

13

の上にデイジーが点々と咲いていた。まさかと思うくらい小さく子供のものでないかと思えるような土のふくらみである。苔の生えた小さいというよりかわいらしい墓標があるのでよく見ると、それがホワイの墓だった。

　その枕元にはごく目立たない小さな花束が飾ってある。ごくごく淡いピンクのサクラソウらしいものから濃い紫の花まで小さくキュッとまとめて地面にたださしてあった。その控えめな色づかい、それにごく小さく高さ15センチもないくらいの花束は、ホワイトの生涯、そしてその墓のたたずまいにとてもふさわしいと感じた。

　その教会から道路を挟んですぐ前の大きな牧師館に、彼は住んでいたと言われている。それが今はホワイトを記念するミュージアムになっていた。世界中によく知られたホワイトの住居なのに、イギリスらしくこれといって観光地のような看板

Iの③　ホワイトの墓の銘

は何もないのである。ただ、そーっと中に入ると、一人の長身で白髪のご婦人がこの館の世話をしていた。ボランティアだという。その人はおせっかいでなく静かに案内してくれた。多分この人が、あの花束を墓に供えたのだろうと思ったが、私は口に出さなかった。

　そのご婦人は一緒に外に出てきて、あのホワイトがしきりに言及する "hanger"（急斜面に発達した林）も、ホワイトのハイドも教えてくれた。

　話の途中で、彼女はホワイトの 1860 年版の小型のセルボーンを愛読していると言う。それを聞いて私はとても嬉しかったのである。なぜなら、私もその小型本を持っていて、大事にしているからであった。

## 3　ナチュラリストの資質

　自ら "out-door naturalist" と名乗ったホワイトは、秋の初めのある日、よほど陽気の良い天候だったのだろう、手紙の中で次のような表現をした。そのころ彼は鳥の振る舞いからその歌声が季節に応じて変わっていくことについて語り続けていたが、その一部である。

　　歌がうまい全ての小さな渡り鳥たちは、その心の内の喜び
　　を甘い声にのせて転がし、変化に富んだメロディーで表現
　　しています。　　　　　　　（Daines Barrington 宛　第 43 信）

ホワイトは、お坊さんなのだから当然とはいえ、「心の内の

喜び」には、どこか宗教的な趣をも感じさせ、つまりそろそろ出現し始めていたロマン派の詩人たちの扱う心情の世界を想像させるようなところがある。先に私が語ったように、その当時はホワイトによれば「無味乾燥な表現をする」生物学者が沢山いた。そんな時代にそのような生命あるものへの共感を土台にした表現をすることは相当に勇気ある物言いであったに違いない。その情緒的な側面をあえて持ち出すのが、当時のナチュラリストの先端を行く人の表現であったし、現在のナチュラリストにも参考になるであろう。

　数字を出し、理論を目の前の生き物にあてはめて観察するなどということなく、つまり科学的なことを妄信せずに、私は生き物に接したい。人間も鳥も虫も同じ生物ではないか。人間中心主義に陥らないよう努めたいのだ。それには、ホワイトのように内なる喜びを感じ取る情緒の働きを鈍らせないことが必要なようである。

　ここで我が身を振り返ってみよう。私自身がナチュラリストかどうかはひとまず置いておいて、自然観察者の一員であるとは思っている。生き物が好きで、彼らを観察することに喜びを感じ、その体験を自らの言葉で書き記すことでその喜びは倍加するのだ。科学的真実と私が信じる事柄を自分でできる限り追求しながら、自分の情緒的真実も守り伝えないで何が観察だろうと思っている。

　そんな私が、世間の人々に自分のことを示すときに、どのように語ったらよいか迷っていたのである。ホワイトはといえば、副牧師ではなく、"an out-door naturalist" と自ら名乗った。思い切って宣言したと思える。

　ひるがえって、21 世紀に生きる私としては、もはや古色蒼然としていると誰もが思うであろうナチュラル・ヒストリーの世界に歩きだしている。

　そんな方向に向かうことを意識したのは、鳥を見始めてから、野鳥を見るのを趣味にする人々に接したことからである。人は初めて野の鳥を見た時の初々しい感動をすぐ忘れ、珍しいものを追い、鳥の数を数え、グラフ、表にして、後は散文的なただの事実にしてしまっているのではないかと思うことが多かった。私もそれらの行動は経験がありよく分かるつもりだ。写真を撮ることも私は大好きだが、ともするとこれもただのコレクションのための行動、生き物を捕らえ自分のものにして家に持ち帰る喜び、になってはいないかと絶えず反省し軌道修正しながら進んでいるのである。

　コレクションはたいそう魅力的である。しかし、少し見方を変えると、もはや死んでしまった鳥や虫にとらわれて、それらに縛られてしまう。自由な心持ちで始めたはずの活動は、そこからどうしてもはい出ることができない欲望の煉獄のようになってしまう。私は自由に飛び回る翼が欲しいのである。生きている生き物たちのその生きている世界をバラバラに取り出すのでなく、一つの世界として感じていたいのである。想像の翼に乗り飛翔したいのである。そんな状況にある者をナチュラリストと呼ぶなら、観察者と言っている私自身もナチュラリストと言っていいのかもしれない。これは私の独り言である。折に触れてひとり呟くのである。

　そんなこともあって、私は、「吾輩はナチュラリストである」と言ってしまいたい。これは簡単なことだが、どこかしっ

くりと来ない。大体ナチュラリストというカタカナ語に人々は抵抗を示す。

　肩書などない方がいいに決まっていると思っていたが、ないと不便なことがある。それでここ当分の間はナチュラリストと名乗ってきた。それでも内心もっと適当な言葉はないかとさぐっているのである。

　私は日本野鳥の会の会員であるからその会員とするかというと、自ら自分を枠にはめるのも窮屈である。野鳥愛好家では気恥ずかしい。野鳥研究者などはもっと恥ずかしい。もともとナチュラリストにあてられていた博物学者はあまりに堅苦しい。大体ナチュラリストには学の字はついていないではないか。そんなに物々しくしてしまった人は誰だと言いたい。

　ナチュラリストと名乗ろうか、それともやはり日本語で「森の人」くらいがいいのか大いに迷う。隠遁者でもなく、世捨て人でもなく、森が表す自然の生き物たちに親しく接している者というくらいの意味である。ともかく迷っている。今のところ私の自由な領域を守る煙幕になるに違いないと思い返し、仮にナチュラリストを使うことにした。あとは、名刺なりを受け取った人の解釈に任せようと思っているが、人々は、それだけでは心もとないようである。落ち着かないらしいので困るのである。


　こんなことを言う私は普段どんな振る舞いをしているのかここで語っておかないといけないであろう。広島県の北部の山を歩いた時の出来事を一つ紹介してみよう。

　ある日、長年の友人、東常哲也さんと山の中をのんびりと歩いていた。特に目的があったのではなく、歩くことを二人で楽

しんでいた。その途中で、その友人は突然パット身をひるがえして帽子を脱ぎ何かをはらう動作をした。一匹の虫が草の上にポトリと落ちた。それは甲虫、オニクワガタだと彼は教えてくれた。かなり珍しく、滅多にお目にかかれないものだそうだが二人はただじっとそいつを見た。甲虫類は形が面白く、いつもつやつやと光り輝いている。角がまた面白いと話しながらともかく写真だけは撮り、そのオニクワガタはそのままにして先へ進んだ。

　二人は、いつものように虫たちにもできるだけその生きているところで生活し続けてほしい、その命をそこで全うしてほしいのである。

　こんな風にその友人は感性が鋭く、一緒に歩いていても沢山のものを見つけ楽しむ。動物のように何でも感じ取ると評すると特別嫌な顔をしないから、自分でもうすうすその特性を感じ

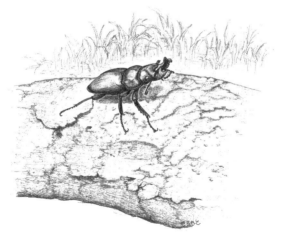

Ⅰの④　西中国山地で出会ったオニクワガタ（2014.9.1）

ているらしい。

　生き物と付き合うにはそれなりの作法がいるのではないかと思う。人間としての作法だ。長い人間の歴史を振り返ってみて、少しずつでも進化してきたように思える他の生き物との付き合い方を忘れがちである。少なくとも生き物を単なる「もの」として扱わなかった昔の日本人の振る舞い方を時に思い返す必要がありそうだ。

　この地球に生きている生き物たちの一員でもある人間は、どんどん一人だけ進化してしまったが、自分たちだけのことについてあれこれせめぎ合っていはしないか。これでよいのか。人間にはもっと素晴らしい地球を出現させる責任があるのではないか。時にこんなことをつぶやいているのである。

　ここまで辿ってきても、"Naturalist" の言葉としての使い方は広範囲に及び、人によっても理解の仕方が少しずつずれる。そこで、解釈としては私の気分に最も近い説明をしている人の言い分に耳を傾けてみよう。その人はイギリスの Niko Tinbergen といい、動物行動学者で、その著書、『好奇心旺盛なナチュラリスト』の序文に次のように書いている。ナチュラリストとは：

　　動物が実際にどのように生きているかを少しでもよく知ろうと努力している人々。　　　　　　　（Niko Tinbergen　序文）

これで基本的には十分ではないだろうか。更にこれに「情緒的色付けをする人」が加われば私としては満足なのである。

## 4　スコットランドのナチュラリスト

　動物好きといってもいろいろある。その中でも、私にはどうしても忘れられない人がある。それが、19世紀スコットランドの靴職人、Thomas Edward である。一度この人のことを聞いて興味を抱き、私はその人の伝記を探した。幸いに、今でもその伝記は手に入る。この人は満足に教育を受けず、ずっと字も書けなかった。その点は、先のギルバート・ホワイトとは大違いであるが、生き物好きでは筋金入りなのである。その伝記は、Samuel Smiles の書いたもので、面白い逸話が満載である。

　Edward は生まれつき活動的で、ちっともじっとしていないとても扱いにくい子供であったようだ。

　　まだ生後四か月のころ、窓のハエが動くのを見、それを捕
　　ろうとして、彼を抱いている母親の腕の中から跳びだして、
　　危うく下に落ちるところだった。　　　　　　（Smiles　p.4）

　またある時は、行方不明になり村中大騒ぎをしたのだが、彼は家の豚小屋の中で、それも一番気の荒い豚と一緒にいたということである。なんとも驚くのである。

　大人になり、靴職人として励んでいたが、それでも彼は驚くべき能力を発揮していたのである。昼間一心に働きながらも彼の生き物コレクションは増えていった。ある時、彼は、自分の生き物コレクションをある町の Fair（収穫祭のたぐいの野外パーティー）に出した。1845年のことである。そのコレクション

は、四つ足獣、鳥、魚、昆虫、貝、卵などからなり、これで、実は彼にまつわる謎が解けたのである。人々は彼が毎夜のごとく原野を歩きまわることが不思議だったのだ。明け方ぼろぼろの姿で村に帰ってくる姿を見た人もあったが、なぜそんなことをしているのか見当がつかなかったのである。

　地元紙がそのコレクションのことを記事にすると、本当かどうか確かめに上流の人々が彼の家に来たらしい。何故かというと、そんな趣味のコレクションを持っているのは主に上流の人々であり、それは18世紀以来の上流階級の趣味だったからだ。

　そしてあの質問がきた。


　「何がきっかけであなたはナチュラリストになったのか。」
　彼はそれを聞いて絶句した。どうしてナチュラリストになるかなど彼は考えたこともなかったのである。生まれつきのものだから分かるはずもないのだ。だから答えはいつもの通り、
　「わかりません。」であった。　　　　　（Smiles　pp.150 ～ 151）


　最後に、私の脳裏に焼き付いて離れない夜の森の出来事に移ろう。

　その夜はひどい雷雨だった。雨を避けるために Edward はちょっとした穴倉を見つけそこで寝ることにした。彼はどこでも寝られたのである。スコットランドだから夏でも夜はとても寒いので、それは驚くべきことであるが、雨が降ってくれば屋根になりそうなところを探し、石の上に木の葉を敷いて寝ると

いう。

　その日は、その穴に入る前に1匹のFieldmouseを捕らえていた。そのネズミを生きたまま家に連れて帰りたかったので、約6フィートのひもをその尻尾にくくりつけ一方の端をチョッキ（ベスト）に結び付けていた。そして持っている銃を枕に眠ったのである。

　ぐっすりと眠っていると、何かチョッキの辺りでぐいぐい引っ張るものがあるので目が覚めた。それに続いて一連の吠え声に金切り声が頭のそばで響いた。彼は混乱し、一瞬何が起きているのかわからなかった。どこにいるのかもわからなかった。しかし、すぐにネズミのことを思い出しひもを引っ張ってみたが、ネズミの姿はなくその尻尾の皮がひもにくっついているだけだった。

　Edwardが穴の外に目をやると、数ヤードのところの木に1羽のフクロウがいるのに気づいた。そのフクロウがネズミを横取りしたのにその尻尾につけられたひもの抵抗があったので、叫び始めたのだった。Edwardは穴から少し身を乗り出し銃で撃とうとしたが、撃つ前に飛び去ってしまった。そのフクロウはトラフズク（Long-eared owl）であった。彼は多くの経験で、この種とBrown owl（これはBarn owlを著者がこのように表記したのではないかと思われる。）の2種については暗闇でも識別できたという（Smiles　pp.122～123）。

Iの⑤　太田川の河原で見たトラフズク（2014.2.19）

　恐らくこんな事ができる人はちょっといないだろう。

　この他、ごく最近のイギリス人に触れておこう。その人は、動物のように生活しようとアナグマのように地面に穴を掘りそこで眠り（ここまでの気分はよく分かる）、自分の子供まで巻き込んで生活したという。アナグマがよく食べているミミズを実際食べ、どこの地域のミミズがうまいかと言える人がやはりイギリスにいる。チャールズ・フォスターという人で、『動物になって生きてみた』という本まで出し、イグ・ノーベル賞までもらってしまったのだが、私はこの人のような生活はとても真似できない。

　一方、スコットランドのEdwardが生き物たちと身近に過

ごす生活は、ただもう憧れてしまうのだ。Edward はその経験を人に語り伝えることもなく、文章で表現することもなかったが、この人の生き物とのかかわり方は、ナチュラリストの典型の一つではなかろうか。

## 5　ビーグル号のダーウィン

　ダーウィンといえば今日ではすでに歴史的偉人である。ただ、イギリスの時間の流れから見ていくと先にあげたホワイト以来の経験主義的な態度を色濃く受け継いでいる。実際、彼は、ホワイトのセルボーンを読んだと聞く。ホワイトは、村の鳥たちの世界をまんべんなく観察するところがあったが、ダーウィンの住んでいた 19 世紀はロマンチシズムの時代である。経験主義を土台にしながら、生きているものの世界がもたらす情緒的要素が重要になるとみても不自然ではないであろう。実際ダーウィンが示すロマンチシズムというか情緒的な側面は、ダーウィンがいかに生物学者だとしても、ナチュラリストの重要な資質だと私は考える。

　その資質からすればナチュラリストのまま、ダーウィンはビーグル号に乗って航海し、南アメリカに上陸した。そして、そこに住む様々な人たちを見た時にその人々の中に時間を超えて現れている地球と人間の生きざま、人間が住む場所の分布の仕方に感じ入るのだ。野の生き物だけでなく人間の生きている姿の背後にも分け入ろうとするダーウィンの初々しい反応が見られるというものである。

その生き物の生活とその背後の世界の間の深い溝を思わざるを得ない。その間の飛躍は、一介のナチュラリストから「理論」に進むダーウィンの進化であり、その飛躍の原動力は、彼の情緒的な性質に違いないと私は考えている。

　航海中、実際は既に陸に上がって原生林にいるときにダーウィンは興味深い行動をする。探検隊から離れひとりの時間を過ごすその様子の中に、ナチュラリストの本領を発揮する秘密が隠されているように私は思う。例えば、よく出てくる次のような森が暗くなり始める場面は参考になるであろう。

Every evening after dark this great concert commenced, and often have I sat listening to it, until my attention has been drawn away by some curious passing insect.

(Darwin　p.27)

　独り森の中に座って、セミたちの大声に耳を傾けていると、偶々近くをかすめ飛んだ昆虫の羽音をきっかけに近くの虫の音と遠くのセミの合唱の間の音のひずみに彼は思わず吸い込まれていく。時空を超えて彼の心は広がっていく不思議な感覚を毎夕のように楽しんでいたと思われるのだ。

　彼は毎日この瞬間を楽しみ味わっているようなのである。毎夕のごとく楽しむということはそこに彼の帰るべき心の原点があったことを暗示していないだろうか。つまりナチュラリストの情緒的側面である。南米を広く探検しながら夕方になると瞑想するかのように、心の世界の広がりに心を泳がせたように思える。彼はこの感情の世界に働きかけることによって、情緒的

側面を見失わずに過ごせたのではないかと想像するのである。

　ナチュラリストから科学者への飛躍を Steve Jones は「種の起源—ミステリー中のミステリー」と評した（Darwin introduction, p. xvi）。ダーウィンの理論は、経験主義と、この情緒的側面、つまり彼の想像力の土台を保ち続けたことで自然にその姿を顕していったのではないかと私は夢想するのである。

　このダーウィンという人は、先にあげた Edward とはまるで違う人生を送ったに違いないが、子供時代学校では全く勉強には身が入らず、ただ甲虫を探す情熱は普通ではなかったという。この人も生まれつきのナチュラリストということであろう。
　ともかく彼は教育を受けた。ケンブリッジのクライスト・カレッジを出たものの、彼の父はダーウィンが教会の牧師になるのが適当だと思ったらしい。その道をたどりそうであったが、しかし運命の不思議というものである。
　ケンブリッジ大学の植物学者、John Henslow がビーグル号の調査チームの一員にダーウィンを推薦したのだ。そして南アメリカに向かった。1831 年 12 月 27 日のことだという。乗り込んだ船は、H.M.S. Beagle である（その肩書は His Majesty's Ships の略）。船長の Fitz Roy はアシスタントとして彼を無給で受け入れた。船長はどんな優れたナチュラリストより、このダーウィンを自分の仲間としたかったらしいと推薦した Henslow は思ったようだ。

　ブラジルに上陸した一行は、しばらく陸地を進み、ブエノスアイレスを目指していた。馬を借り、ガイドを雇ったものの、

ガイドたちは、インディアンが出るととても恐れていた。盗賊たちが跋扈していたのだ。

　もう間もなくブエノスアイレスというところで大雨にあい、とある郵便局にたどり着いた。そこの主人は、彼ら一行を疑いと恐れに満ちた表情をして見たに違いない。それで、

　「ここから先に進むならちゃんとしたパスポートがないといけない。」と言った。それを聞いて、ダーウィンは自分のパスポートを出して見せた。そのパスポートは、

　　　EL Naturalista Don Carlos

で始まっていた。ダーウィンはつづけて書いている。彼ら、その郵便局にいた人たちは Naturalista が何たるか誰も知らないのだ。にもかかわらず、そのためにその肩書は本来の光を失うことはなかった。(Darwin　p. 108)

　最初にその主人の疑いが深いものだっただけに、打って変わったその尊敬のまなざしと物腰の丁重さは驚くべきものであったようだ。ダーウィンは相手がびっくりしているのを見て驚いているのだ。肩書の威力というものである。人の心理の動きとその体への現れ方などについて、その険悪な空気の中でも観察し、それを楽しむかのような気分になって、わざわざ書きとどめた印象がある。

　このような事柄をこれまでのイギリスの探検者は書いたであろうか。仮に経験したとしてもわざわざ書いたりしていないと言ってもいいだろう。海外でなくイギリス国内に限っても、18

世紀の後半には、何人もの人が当時の僻地、スコットランドに探検に出かけた。例えば、ホワイトの最初の文通の相手であった Pennant は私の知る限りスコットランド旅行を試みた二人目の人らしい。ペナントは生物学者であったが、その旅行記、*A Tour of Scotland in 1769,* を覗いてみると、どこにも我々の想像力をかきたてる表現が見当たらない。その大旅行の帰り道、ニューカッスルの少し北東約 80 キロメートルの荒海に位置する孤島、遭難する船の多いことで知られる Farn islands に渡ったが、そこに巣を構えたケワタガモの一つを調べた。その産座に使われていた羽毛（down）は最も大きな帽子の山の部分いっぱいの分量だったという表現を追いかけて、正確には 28 オンスあったと計測している（Pennant　p.37）。ともかく正確なのであるが、心に響くものがあるとは言えないのが誠に残念である。

　このペナントと比べれば、ダーウィンの心の動きはなんとも柔軟で、想像力の働きが豊かではないか。

　ここまで、三人のナチュラリストの様子を少しずつ見てきた。それぞれのナチュラリストとしての有様はそれぞれの人生に沿ってあまりにばらばらのようであるが、意識しているかどうかは別にしても、生き物に接していない生活は考えられないという点で共通している。ダーウィンが素晴らしいと一方的に言うわけにもいかない。三人とも、経験主義的で、いつも自らの目で見て物事を判断し、我が身を信じて進むのである。

　そして最も強く私の心に響くのは、肩書があってもなくても生き物にかかわる喜びに満ちていたことである。生き物たちが

創り出すこの世界の多様さに感動する心の傾向を持ち、先入観なしに目の前の生き物の世界に感じ入る能力に満ちていたのである。

とはいえ、それら様々な人たちの世界を共有し、支えられながら我々が先に進むことができるとすれば、なんとも有難いのである。

ただ、告白すれば、ナチュラリストの姿として最も私の心に響くのは Gilbert White である。野外の身近なところで長く観察すること。それを淡々と書き記すこと。自分の観察に充足し、欲張らず、楽しみ続ける、この生き方に感嘆する。

更に付け足せば、我々は科学万能の時代に生きている。それに経済の理論に席巻されている気配が濃厚である。そんな中にあって、我々は今語ってきたホワイトのような態度を思い出し、観察という行動の原点と思われる心の喜びに思いを致し、そこを起点にした活動を続けることがあってもよいのではないか。

# 第2章　身近な自然に旅をする

　身近といっても、人それぞれ。その時々で心に抱く風景は違ってくる。私が身近と言うのは、自分が生活し、毎日のように接する狭い範囲のことである。これは昔のイギリス人ギルバート・ホワイトの受け売りのように聞こえるかもしれない。しかし、これはすでに述べたように、子供のころからの習慣的行動で、私には一番居心地の良いふるまい方なのである。

　だから、広島に来てからもその習慣が続いていただけのことだ。広島は私にとっては未知の世界。知った人もなく、自然がどんな風かも意識せず、ただやって来たのだ。それまで住んでいた兵庫県の中央部はざっくり言ってしまうと山々は赤松の林が主体である。私の知っていた範囲で緑濃い林はなかった。ところが、広島市の特に牛田という古い街は一見して緑が濃いのである。いつもそんな林に囲まれている落ち着いたところはまことに有り難かった。1967年のことである。その街の環境を地図（Ⅱの①）で示してみよう。

　御覧のように、私の勤め先の学校は標高170メートルくらいの低い牛田山の懐深くに位置していた。この山は、正確には尾長山から北に延び牛田山に至る小さく低い山並みで、それを我々は牛田山と呼んでいる。そこで、年上の同僚、桑原良敏先生にその山の生き物、さらに県内の山々についても手ほどきを

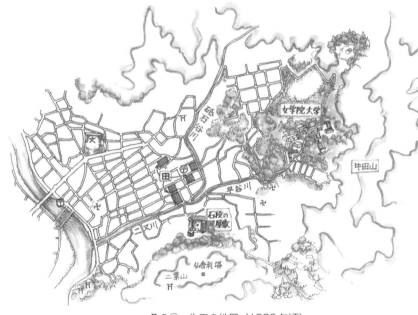

Ⅱの①　牛田の地図（1980年頃）

してもらうことになった。広島に知人も何もなかった私にはまことに有り難いことに違いない。

　ただ、この手ほどきにもかかわらず、結局はごく身近なその勤め先の自然になじんでしまった。空いた時間に少しずつでも生き物を見るという活動の仕方が私には合っていたのである。それ以来、未知の世界である牛田山の環境を探る一観察者の道を知らず知らずのうちに歩んできた。広島の地が、私を自然の観察者に仕立て上げる環境を偶然にも整え始めてしまったと言わざるを得ない。この観察者をナチュラリストと呼ぶかどうかは、ひとまず置いておく。ただ、身近なところの観察を楽しむ

人間の道を歩んでいたのである。

　その環境とは、三つに分けて、一つ目が、牛田山の山腹の自然、二つ目が、牛田山のシリブカガシの森を背景に建つ屋敷の庭、三つ目がタマシギの個体群が棲む湿田。この三つ全てが、地図でわかるように、牛田山に囲まれて私の身の回りにあった。つまり、牛田山がつくりだした自然環境を私は三つの側面から体験していったということになるであろう。順にたどってみよう。

# 1　山腹の自然

　牛田というところに来てみれば、家はもうたくさん建っているが、3階建ての銀行の寮が目立つくらいの、私から見れば快適な空間に満ちた申し分のないところであった。先にあげた三つの要素の初めから簡単にたどってみよう。

　第1章で語った、山の小道はまことに普通の小さな小川に沿った道なのだが、そこにじっと静かにしていれば生き物たちの様子がうかがい知れ、山の斜面に踏み込めばもうちょっと彼らを知ることができた。中でも記憶に残っているのは、ルリビタキだ。高い山に棲んでいるが冬になると牛田のような暖地に降りてくる。こんな小川沿いにも彼らはいたが、少し山の斜面を藪こぎして上がっていくと別のルリビタキに出会う。更に登ってちょっとした空き地に出るとまた一羽が出てくるという具合に彼らはたくさんいるものだと思った。1960年代の終わりころだ。

　小さな鳥でもそれぞれ性格が違うようで、その散歩道を歩く

とちょろちょろ顔を見せるのがいた。

　ルリビタキの雄で、全身青い奴である。私が夕方になると歩くことを知っているようで、私の様子をうかがうのである。それだけでも十分楽しかったが、そんなに待っていてくれるのであればと思い、秋の間に集めておいた木の実を持って行ってやることにした。効果てきめん。夕方遅くなってしまうと、出てきてじっと待っているのである。まあ、こんな風にして夕方の散歩をしながらその個体の振る舞いを見るのを楽しんだのであった。

Ⅱの②　小川の岩場に出てくるルリビタキの雄（1978.2.26）

　この絵の雄は、実際は私が遊んだ個体とは別のルリビタキの雄なのである。今話していた雄のいるところから約200メートル下手の小川に出てくる個体であった。なぜ別の雄をわざわざ持ち出したのかというと、当時はそんなにルリビタキの雄がいたと言いたかったのである。雄がすぐには青くならなくて雌のように尾だけが青い色合いをしている個体が多いと聞いていた

ので、長生きをするものが比較的多かったのではないかと推測
していた。

　ルリビタキに出してやった木の実というのがアカメガシワの
木の実である。この広島では、斜面が崩れたとか地面の露出し
たところにこの木は進出し、かなり大きく7、8メートルほど
成長する。9月初めには実が熟し始め、渡りをする夏鳥や、国
内を移動する鳥たちが来る10月前半にはたくさんの鳥たちで
にぎわう木があちこちにある。

Ⅱの③　アカメガシワの実

そんな木が2本もあれば、そしてその場所が谷筋で落ち着いた雰囲気があれば、そこは彼らの集会所のようににぎわう。クロツグミは、一番陰になる部分からこっそりと現れ、その実に身を隠すようにして食べる。しかし、オオルリなどはもうすこし大胆でその実にとりつく。一番のんきなのは、ヒタキ類、エゾビタキが実のてっぺんにとりつくことが多く、次いで、サメビタキ、コサメビタキと活発である。それに交じってメジロの群れが加わり、一緒になるとちょっとした騒ぎになる。ヒタキたちも、しばらく実を食べるとサーッとどこかに行く。しかし、また10分もしないでやって来ることを、陽のあるうちは繰り返していた。

　ルリビタキに出してやっていたのはこの木の実なのである。黒く輝く小さなその実は、地面にたくさん落ちるから、秋にはそれを拾っておき冬にやってくる鳥たちに出してやるのである。

　秋に木の実を拾ってためておくなどこのヒタキたちに触発されたのである。多分冬の間に冬鳥が食べ物で困るだろうからと思い、集めた。そもそもの始まりは、秋のエゾビタキたちの振る舞いを見ていたからである。私がいる建物の外に出ると、小川沿いの電柱に彼らエゾビタキたちが7、8羽止まっているのがよく見えた。小さい頃を振り返ると、兵庫県の中ほどにある里山とはまるで違う生き物の多様さに感動するとともに、それが、ここの環境では当たり前なのだとも思った。

　なぜそんなに群れているのかと思いつつ日を過ごしているうちに、彼らは、その近くの木の実を食べているのに気づいた。

Ⅱの④　電線にとまるエゾビタキ

そして、小鳥たちの賑わいの舞台がそこにあることを彼らに教えられたのである。1960年代の終わりころのことであった。

　しかし、なぜその実がそんなに人気があるのか不思議であった。理由を知りたくて、同僚の山手万知子さんに実の成分を調べてもらった。ガスクロマトグラフィーにかけて調べてくれ、その実の成分の約50パーセントは脂肪分だと教えてくれた。すごい脂肪分だ。なるほど彼らが1日中何度も食べにやって来る理由はこの栄養素なのだと納得した。

　先に触れた友人の河野一郎さんによれば、この牛田山で標識調査をしたメジロなど秋から冬にかけ普段の倍くらいの体重になっているものもいるというが、この実に彼らも頼っているのだろう。

　当時は、身の回りに生き物が沢山いた印象がある。既にふれ

たように、会議で遅くなったとしても、文句はなかった。暗くなった外に出れば、当時ヨタカがまだ薄明るい夜空を背景にすいーと滑るように飛ぶのを見ることができたし、街灯の近くに出ていれば、アオバズクがそこに集まる虫を捕る光景があった。

　山を上がり尾根に出れば、猛禽類のサシバが繁殖しているのを見ることも出来た。先のヨタカの繁殖も身近なことであった。秋の渡りのシーズンになると、猛禽類のハチクマの群れが頭上を通るのが見え、午前中にその群れに合流しようとこの山から舞い上がるハチクマの様子をうかがうことも出来た。


　付け加えておくと、その当時の先生方、職員、学生で、裏山の調査をした。そして、その結果をささやかな資料として残そうということになった。紆余曲折しながら、結局立派な本にしてもらった。お手本として、我々の頭の中には神戸女学院の同種の本のことがあった。これをもとに、上層部の方々、特に当時の事務局長、畠山重信さんの努力に支えられ、予想をはるかに超えた本を作り上げることが出来た。リーダーが桑原良敏さん、編集長に横山昭正さん、それに大里巌さんなどを加えて出発、文句を言い合いながら作り上げた。1988年、『牛田山の自然』というタイトルになった。本当に今から思えばよくもあんな牧歌的なことができたと思えるいい時代であった。それに唯一の学生、この本の挿絵を描いてくれている諸本泉（旧姓星野）さんも加わっていた。

　しかし、一つ気になることがある。そんなに恵まれた環境にありながら、その環境について興味を抱く人はその後出てこない。守る運動をしろというわけではないが、この当時の調査メ

ンバーの情緒を受け継ぐ人はひとりもいないのはまことに残念なのだ。現在の世の中では、自然に目を向けるという心持は受け入れやすいと思うのだが、それはどこかで誰かがやってくれると人々は感じているのだろう。

　あの当時のメンバーは、本当に不思議な因縁で集まり、自然に調査をしようというエネルギーが満ち溢れだしたのだ。それは、メンバーの中に、特別自然に対する熱い情熱に満ちたナチュラリスト、桑原良敏先生がいたからに違いない。その熱が人々に伝わり、不思議な縁で人間同士が結びつき、お互いに信頼し合い、なかなか得難い雰囲気が出来上がったのである。

## 2　不思議の日本庭園

　二つ目の身近な自然である。広島に来て暫く市内をうろうろした後牛田にやってきた。初めは牛田の街の中に下宿した。賄《まかない》付きの下宿で、槇原敬之さん夫婦にお世話になった。しばらくして私が結婚することになった。一度は広島市の外に住んでいたが、そこでまたこの夫婦が紹介してくれて、尾長山の山際にある三宅幸子さんの屋敷に一部屋借りることになった。1972 年のことである。先の地図（Ⅱの①）に石段が書き込んであるが、そこにその家はあった。地図でわかるようにその屋敷はうっそうとした常緑の森、知る人ぞ知るシリブカガシの森を背景に、西に延びた尾根状の土地の先端にあった。それで、その屋敷に上がるのに石段ができていたのである。まるで神社に登っていくように、御影石の石段を 52 段も上がる毎日が始まった。

Ⅱの⑤　三宅幸子さん宅の石段

　屋敷そのものが２段の石垣の上にあり、辺りの家々のある平
地からそそり立っているのである。その石段を上がったところ
に永嶋さんのお宅があり、そこで直角に左に曲がりもう数段を
上がって歩いていくと屋敷の玄関に至る。我々の借りた一間と
いうのは、その家の座敷にあたる広い部屋で、そこには、玄関
まで続く土の塀にしつらえられた木製の手押し開き戸を通って
出入りした。広い大きな庭に面して部屋の廊下から出るための
大きな敷石が我々の玄関になった。この屋敷は、家主の三宅さ
んによると、昔、広島城の御殿医が住んでいて、その玄関先に

ある永嶋さんの家は馬係のお役人の家だったという。私は、その話をすっかり信じていたが、ずっと後になって、その三宅さんの親戚の人の言うには、それは全く捏造であるらしい。ただ、それはそれとして、私にはまるで有難い環境だったのである。

その廊下に座って庭を眺めると、まるで別世界である。その別世界は我々が自由に使ってもよいことになっていた。あまりよく手入れがされていない様子だったが、それが、生き物好きの私としては願ってもない状態と言うべきだろう。

私が条件を出して探してもらったわけではない。槇原夫妻のここにしなさいという意見に従っただけであった。とても不思議な成り行きで、自分では、これを単に偶然とは言えない気分であった。1本のイチジクの木には虫たちが集まるし、季節ごとに、鳥たちがやって来る。部屋の2面は広い廊下になり、ぐるりとガラス戸に囲まれているから、いつでも庭の状態は見てとることができた。

古い屋敷であるから、気密性は低い。だから、庭の鳥の声は部屋の中にこもっていてもよく聞こえる。特に楽しかったのは、コメボソムシクイ（現在ではオオムシクイ）である。庭の裏手にある背の高いクロガネモチの木に例年5月26日にやってき、よく囀った。庭に出てみると、向こうから近づいてくる。むこう意気が強いのである。そして2日間だけ滞在した。

これだけでも十分なのに、夏には夏で面白いことが起こった。夕方薄暗くなりかけるころ市内の中心部にあった野球のスタジアムにナイターの灯がともる。それが廊下に座っていると遠くに見えた。すると間もなく、フクロウが山から下りてくる

のである。そして、一時鳴いて立ち去る。家主は、昔からその声が気味悪くて仕方がなかったと言っていたが、私には何とも有難いお膳立てである。

Ⅱの⑥　松にフクロウのイメージ図

しかし時には、困ることもあった。エナガがその松に巣をかけていてすでに親は巣に入っていたのである。フクロウが木に止まるのはそのエナガの巣から数メートルのところなのだから、どうするのだろうと、フクロウが鳴くたびにハラハラしたことがあった。誠に勝手な悩みなのである。

こんな屋敷に住めるようになったことを偶然と思うかどうか

は別にしても、牛田という街にたまたま残されていた環境に住むことができたことは有難かった。町の家並に埋没してしまわないで生き物のたちの動きがよく感じ取れるままになって残っている。そんな風に偶々残り続けた自然の気配に包まれて生活することになった。

## 3　タマシギの田んぼ

　ここまで語って来ただけでも申し分ないのに、その石段を下りて300メートルほどのところに田んぼが数枚あった。これが三つ目の身近な自然である。私の頼りないナチュラリストとしての芽を伸ばし育ててくれた得難い自然であった。ただし、タマシギが棲むだけあって、牛田全体はとても湿気の多いところである。引っ越してしばらくすると、タンスの引き出しは下2段が全く引き出せなくなった。

　第1章でお話しした散歩道の小川は山を下って田んぼに届く。Ⅱの①の地図でいうと、地上の小さい黒い四角が田んぼである。屋敷の石段をコトンコトンと自転車を下して、後はこれらの田んぼを回るだけだったら10分もあれば充分であった。朝と夕方たいていは田んぼを巡った。

　タマシギの観察については、私の著書、『街なかのタマシギ』を読んでいただくことにして、ここでは牛田の最後のつがいのことを書いておこうと思う。

　ここまでくると私としては書いておかないと胸がつかえてしまうので、その思いを解き放っておきたい。タマシギとの縁は、一度どこかで書いたが、私には逃れられないものであった

ようである。その始まりは妻との婚約にさかのぼる。その記念にと私は双眼鏡をプレゼントされた。ここで私の運命はがらりと変わった。何故かわからない。何の迷いもなくすぐに琵琶湖の浮御堂に行こうと決めたのである。すると筋書きに書いたようにタマシギが現れた。浮御堂の回廊に立つと、ちょうど水が引いていて、湖の底の泥土が現れ、そこに生えた葦の間から、静かにタマシギの雌が姿を現した。

　その時はタマシギなど初めて見る鳥で何をしているのかわからなかったが、雌は胸を張り、首を高く持ち上げ、たたんだ翼の中ほどに白い羽根を出して威嚇のポーズをしていた。ともかく双眼鏡で初めてじっくりと見る鳥になった。それからこのタマシギと長い間関わることになるなど誰が想像できたであろう。

　ただし、牛田に帰ってきてから、私はタマシギのことはすっかり忘れ、田んぼのそばをよく通りながら、約２年気が付くことがなかった。見ようとしないと見えないのが人間のようである。

　ただ、子供ができ自転車の前に乗せて一つの田んぼの脇をゆっくり走っているとほんの数メートルのところにタマシギの雄がいたのである。田んぼのその部分はあまりに軟弱で稲は植えてなかったので、ほぼ草もない浅い水たまりのようなところであったから、隠れようもなかったのであろう。雛ずれのその雄は、「邪魔だなあ。どうしようか。」と言いたいような表情をしていた。この朝からタマシギの観察は始まったのである。1972年５月23日のことであった。

　私の妻がタマシギを連れてきたのではないかと、逃れようのない人生の不思議を感じないわけにはいかなかった。それから

は、できれば子供を自転車に乗せ、二人目ができると、前後に乗せたり、時には下の子を乳母車に乗せたりして、田んぼを巡った。

　話を牛田最後のタマシギに戻そう。

　田んぼは全部稲が植えてあるわけではなかった。一つの田んぼは全部、もう一つはその一部を時には草を刈るが、稲も植えていないままにしてあった。その部分はとても軟弱なところだからである。それで、草が適当に生え、水につかった湿原状態になり、タマシギたちは冬でも身を隠し、餌をとって過ごせたようである。しかし、とうとうある秋のこと湿田の部分に土が盛られることになった。1976年10月20日のことである。当然ながら冬の隠れ場もなくなり、1度は群れの姿はなくなった。

　しかしその次の春、5羽だけは戻ってきた。ただ、彼らは本来1種のコロニーを作り群れになって接近して巣作りをするところがある。そのあたりのことについては、前述の『街なかのタマシギ』を読んでいただきたい。1979年にはひとつがいだけこの牛田にいた。これが最後のつがいと呼んでいる2羽である。

　春遅くに戻ってきたが、あちこちと田を巡り、巣作りを試みているようではあった。彼らにとって頼りになる軟弱地は、ただ一つ盛り土もされずびっしりと稲が植えられる田んぼだけであった。彼らは、迷いに迷っていると私は見ていて考えた。そしてとうとう巣を作ったが、運悪く間もなく荒起こしとなり巣は壊れた。ここの農家では、最低2度は荒起こしをするのであった。その2度目に重なってしまったのである。

Ⅱの⑦　牛田の群れの最後のつがい（1979.5.8）

　荒れた田の状態を絵は示している。荒起こしされた直後で、
彼らの巣があった地点辺りに2羽が戻ってきた。彼らはこんな
時ただじっと立っているのである。

　いつものように巣作りを始めようとするとき雌は目立つとこ
ろに出る。ところが、今回は一見して目に力がない。全体に迫
力がない。前面に立っているつもりだろうが、毛並みもばさば
さになってまるで情けない姿である。雌は、その荒起こしで丸
裸になった田の中心辺りに立ちながら、そして自分の縄張りを
守ってはいるものの、まだ巣をこしらえるには至らないほどに
身を隠す草さえなかった。雌は何もしようがなかったと私は類
推していた。じっとそこでくちばしを翼に差し込んで動かな

かったのである。雄は割合に自由に屈託なく体を動かしていたが、この絵は 2 羽が同時に同じ方向に注目した瞬間である。雌の翼に白い羽根が出て、警戒、威嚇の様子が透けて見える。

　しばらくして稲が植え付けられた後に、彼らは最初の巣とほぼ同じところに巣を作った。いつも通り稲株の間に作った巣で雄は卵を抱き始めた。こちらも安心していたが、ある日、田の持ち主が粉末状の白い農薬をまいたらしく、稲に点々と白い粉がついていた。これが致命的だった。粉を頭からかぶったらしい雄は次の日から全く巣の中で動かなくなった。自転車で通りかかっても、体の向きが変わらない。こんなことはあり得ない。数日して、田の持ち主には申し訳なかったが、田に入り彼を救出した。彼は生きていて首は立てているがまるで抵抗する力はなかった。ただキラキラと輝く目がよく動いたのをはっきりと記憶している。足は、後ろにピンと伸ばして自然ではありえない姿勢になり、それ以上動けず、あとは手の施しようがなかった。2 日後に彼は死んだ。1979 年 7 月 29 日であった。これで、この牛田のタマシギ個体群はその歴史を終えた。

　普通であれば、春早くに繁殖にかかり、殆どが無事故で雛を育て上げられる。一度途中で失敗すると、例えば、一度目の荒起こしで巣が壊されうろうろしている内に二度目の荒起こしに出くわすことがありうる。こうなると殆ど夏にかかって巣ごもりをしないといけなくなり、このつがいのようにしくじりを重ねてそのシーズンは終わってしまうことが時に起こるのである。

　長い牛田のタマシギたちの歴史は終焉を迎えた。その昔この

牛田は荘園であったという。すると彼らははるか昔からこの地に住んでいたと思ってよいだろう。最後のつがいが巣を作った狭い田は先に述べた二つの小川にさらにもう一つの小川が合流するすぐ脇にある。昔から時に氾濫し、この田んぼはずっと湿田であり続け、彼らが最も好んで集まり巣を作る場所であったらしい。

　私は、たまたまその最後のつがいの姿を見届ける役目を担ってしまったようだ。これだけ生き物の生活に巻き込まれてしまうなど私には途方もないことであった。錯覚と言われようと、こんなことは宿命と思うしかない。次に語ることは、創作だと笑う人があるに違いないが、実際に遭遇した事柄である。

　そんな長いタマシギとの付き合いをすぐ記録集にまとめる余裕がなく、40年もたってやっと書く気になった。

　書き終わった2017年のある日、まったく別の用事で、先の最後のつがいの田とは別の田んぼの脇を車で通った。私がその当時世話になった駒田さんのビルのそばを走る道路にはなんの変わった様子はなかったのに、そのビルが無いのだ。ぽっかり空間があいていた。ビルが取り壊されたばかりのところだったのである。そのビルの一階にある資材置き場に私はハイドを張らせてもらっていて、いつでも出入りでき、どんな天気でも目の前でタマシギたちを見ることができた。このことはいくら感謝してもたらないくらいである。タマシギの生活の内側に相当に迫れることになったのだった。

　そのビルがなくなり、ハイドを張っていた辺りの地面を人々がきれいに整地しているところを見て、私は本当にタマシギたちの運命を見届けるために送り込まれ、その役目が終わったと

感じた。

　ここまで、私がかかわった牛田の自然観察を語ってきた。狭い平地は、三つの小さい川によって湿潤な環境を作り、山の鳥から田んぼの鳥まで圧縮したようにそこに棲まわせていた。田んぼのそばを夕方にはヨタカが飛び、歩いているとコガネムシの類が顔にポンポン当たった。夜には時にフクロウが下りてきて田んぼ脇に立った短い杭に止まる。田んぼにはコオイムシがいるなど、この牛田そのものが私の身近な自然であったのである。どこでも私にとっては観察フィールドになったと言ってもいいだろう。とはいえ、時に私が引用するホワイトのあの言葉、

　　自然はとても満たされています。もっともよく調べたところが最も多様な有様を見せるのです。

　　　　　　　　　　　（トーマス・ペナント宛　第22信）

はよく知っていて理解もし、そのように語りたい気持ちでいっぱいになりながらも、すんなりと受け入れることができなかった。最初の部分、例えば、"All nature is so full" のところなど、とくに宗教的態度までにじみ出ているように感じられ始めた。それでその解釈をここでは、「とても満たされています。」としたが、当時を振り返ると、自分の心からの気持ちとして借用する自信があったような気がしない。まだ修行が足りなかった。

　確かに、タマシギたちは私の本当に身近な生き物たちであった。彼らが時の暗闇に消えてしまう前にその記録を書き終え一

冊の本にした時に感じたのは、すべき仕事を授けられながら長年取り掛かることができず、やっと果たした時の晴れ晴れした気分であった。

　私は目の前で生活しているタマシギたちの長い旅の最後のところを伴走したようであるが、この章に「身近な自然に旅をする」と名付けたのはそのあたりの事情からである。振り返って見ると、身近な自然に旅をすると言いながら修業が足らなかったのである。私の思いが至らなかったのである。この章で語ってきた生き物たちが形作るその世界の有様は、牛田という古く狭い空間に圧縮されたように展開していた。そんな生き物の世界に包まれ、その世界を心に抱いたまま時は過ぎた。その間の経験に後押しをされ、40年もたってから、記録をまとめ本の形にしたわけである。

　しかし、時間を隔ててみることで、タマシギの生活の内側に私は相当迫れるようになっていたようである。その「内面が形に現れる」というところに興味を抱き、ごく身近な自然の中に棲む生き物の暮らしに巻き込まれ、それを楽しむというのが、私の観察者としての姿と言うべきであろう。そして、私の場合のナチュラル・ヒストリーの中心にあるものである。

　ごく身近な自然と言いながら、あまり見られないと言われるタマシギを相手にしている。彼らはとても局地的と言っていい生活をしていて、草むらに隠れがちだし、実際あまり見る機会のないものだから、特に集中したのではないかと言われそうだが、語ってきたように、ごく近所に住むものであり、たまたま

彼らを観察する「時の運」と言うべきものがあったというだけである。その態度は、第6章で取り上げる最も普通のものたちへの興味と変わるところはない。

　珍しいものであろうが、ごく普通のものであろうが、それらはこの環境の一員である。珍しい、貴重であると言うのは、人間の勝手である。言葉にするのは簡単なことである。観察は用心しないと、それはただ人間の傲慢な仕業、手前勝手な行動に過ぎなくなり、環境破壊を招く恐れも十分に含んでいることをいつも心にとどめておかなくてはならないだろう。

　ともすると、我々は自分の興味の対象を求めて突き進んでしまうところがある。それは現代ますます世界にはびこりつつある精神の傾向であろう。資本主義が持つ成果を挙げればそれが正義になりかねない風潮、人間は自由だという思いの拡大が、制御不能な勢いを得て、気が付くと、鳥を見る趣味の世界にも知らず知らずのうちに汚染を広げているような気がする。

　最近も見聞きしたことでいえば、「環境を守る」という正義を持ち出して、うっかりすると調査という名の行き過ぎた行動につながる恐れもあるのである。鳥を何種類見聞きするか競争することも聞いたことがある。

　それらは、もはや鳥を見て楽しむ、自然界の生き物たちがつくりだし、人間にもたらす静かな喜びの感性からはかけ離れた行為なのである。私の言うナチュラリストの情緒とは無縁のものだ。


　例えば、ダーウィンが南アメリカの探検の合間に行っていたこと、つまり、ナチュラリストというよりは突然瞑想にふける

坊さんのような姿になる場面を、彼は『ビーグル号航海記』の中に何度も書いている。それは第1章で引用した（p.26）のであるが、その場面をもう一度思い出してみよう。

　夕闇迫るころ、彼は腰かけて暗闇に向け心を最大に開く。ずっと遠のくコオロギ類、セミたちなどの沢山の声に聞き耳を立てていると、ごく近くを何か昆虫の羽音がスーッとかすめる。それをきっかけにして彼は一気に音の世界に入り込むのだ。目の前で遠のいていったセミの声は暗闇の底を広げていく。その感応の敏感さは注目に値する。暗闇の世界に引き込まれ、その感覚を楽しんでいるのだ。彼は、本来のナチュラリストの本姓を時に強く取り戻し、自然に対して抱くよろこびの様をごく自然に表明していると思えばよいのだろう。西洋人としては珍しい、言い方を変えれば、詩人たちに見られるような深い情緒の働きをそこに見ることができると言いたいのである。

　遥か故郷を離れ、ダーウィンは西洋人で異国の自然の調査をする者である。しかし、文明の殻を脱ぎ捨てることができる心境にしばしば立ち至ることがあったのであろう。仙人かとも思える瞑想を演じているダーウィンの様子を何度も航海記の中に見出すのである。夕方近くなると、彼は密林の中でしばしば非常に情緒的になる。ナチュラリストを通り越して、時に詩人になるのである。ダーウィンという人も、原生林の中で目に見えないものに向かい心の旅を折に触れ繰りかえしていたようだ。
　私は、そんな感性を大事にしたい。虫や鳥など見えるものはたくさんいる。それら目に見えるものの中に見えざるものを探

り、聞こえる虫のかそけき声に耳を傾け、造化の不思議をたど
りながらこの自然界の生き物たちに接したいのである。

# 第3章　生き物をそっと見る


　生き物を目にすると、我々の心は一瞬そちらに集中する。そこで我々はもう少しよく見ようとする。例えば、林の中で鳥が目の前を飛んだのを見ると、意識はすぐそちらに向かう。その時の相手を探す目は、そっと見るのとはまるで違ったものになりがちだ。「そっと」というのは我々人間の問題なのだ。

　鳥のことに限ったとしても、我々はその姿を初めて見て心を動かされた経験があるだろう。ふつうは、そこで全ては既に始まっているようだ。鳥の観察については反省を込めて思うことを私なりにまとめてみると次のようになる。


　　生き物を見てワクワクしても、静かに目を向ける。
　　ただ、時間をかけて眺めていないと、その先が見えてこない。
　　その先に何が見えてくるかは、その人が何に満足する人かにかかっている。


　問題は人の心の喜びであると私は思っている。自分にとって何が喜びであり、何に満足を覚えるかが肝心なのだ。昔のイギリス人を持ち出すと、ギルバート・ホワイトは自分の目で観察することを大事にしていたし、ダーウィンもいつも観察したい

と言っていたようだ。生命の描く世界に立ち入り、「自分の目で見て」確かめること自体にまず充足していたようだ。私自身を振り返ってみると、はばかりながら、その人たちにとても親近感を覚えながら過ごしてきたようである。

　私にとって、生き物の表情の面白さ、振る舞いにうかがえるその内面、これが面白いのだ。これをそっと見たいのである。この喜びが、私には大切なのである。自然とハイドという布製の小さなテントを必要なときには使うようになっていた。そのテントの前面に開けたスリットから鳥たちを見ると実に生き生きとした様子が見てとれるのである。人間の存在を幾分かでも消すことができる上に、顕微鏡を覗くようにうんと視野を絞って見ると、矛盾しているようであるが、その絞った視野の中に思わぬ新しい世界が開けるからである。
　昔の人たち、19世紀イギリスのナチュラリストたちはハイドのスリットからこっそり覗いていた。「こっそり」である。こっそりという行為は何か怪しげなのであるが、それを信仰していた気配があった。その当時博物学会をリードしていたゴスという人は、その行動を "peeps through Nature's Keyhole at her recondite mysteries."（Merrill　p.61）とうまい具合に表現する。はっきりと、鍵穴から自然界の神秘をのぞく（peep）ことに喜びを見出している様子がうかがえる。自然の生き物をほとんど信仰しているかのようだ。それはとても幸福な時代であったのだろう。しかし、人間は人間の都合で動く。それで、このハイドも人間にとって便利なものであるだけに、自然界の生き物たちには脅威になりかねない。自分はハイドに入って身

を隠しているつもりになっているだけで、生き物たちからすると、はなはだ迷惑に違いない場合が多いと思う。

　結局、自分の目で見るという原点に立ち返らざるを得ないのである。

　鳥を見る場面を取り上げてみよう。その時、見方の質が問題になる。相手がいる方向を見ているのであるが、その視線はできるだけ透明なものにする。つまり見ているのに見ていない。人間の気配を消すようにするのだ。心静かにしていると身の回りの自然は自らその扉を開いてくる。これが私の基本的態度である。

　「鍵穴からのぞく」は比ゆ的な表現であり、我々が「そっと見る」心のあり方と置き換えてもよいだろう。何も道具でお膳立てをしなくても、我々は自然界のあちこちにその「鍵穴」を見つけることができると私は信じているのである。人間の都合がその可能性をふさいでいるだけで、鍵穴はどこにもあるに違いないのだ。


　ある日の出来事を取り上げてみよう。その鍵穴にあたる場面はタカの類との思わぬ遭遇の中にあった。特別にタカを追っかけているのではないが、妙に縁があると言おうか、私は彼らとじっと対面する状況に行きあたることがある。田んぼのタマシギの観察から何年もしてから、広島県を南北に流れる太田川の近くに引っ越し、その河原を歩いていた時の出来事であった。2005 年 12 月 12 日のことである。

　この場合、私はそのタカを「そっと見る」ことをしながら「凝視する」ことを繰りかえした。その二つの見方の間を行き

来する意識のひずみにその鍵穴があったように思う。

　その前日どっと雪が降った。夜が明けると快晴、こんな日は
日頃見ない小鳥たちが出てくると思い河原を歩いていた。しば
らくすると、河原の水際に何か気になる形が目に入った。それ
はどう見ても小型のタカ、ハイタカである。しかし、ふつう彼
らは我々が気付く前に飛び去るから何やら不可解である。それ
で、ゆっくりと歩きながら、彼にとっても私にとっても一番辛
抱できそうな距離まで近寄ることにした。私の歩いていたの
は、一段高いコンクリートの歩道だから、そこを歩く限り彼に
意図的に迫っているようには見えないとふんだ。
　しかし、こんなことはふつう考えられない。余計な動きをせ
ず、できるだけ自然体で、目を離さずに動いた。こんな時目を
離したりするとそのちょっとした間合いに逃げられるのであ
る。約 70 メートルのところでゆっくり座り込んで、そいつと
対面した。対面と言ってもその距離である。そいつの細部まで
私には見えない。だから、必然的にボヤっとそちらに目を向け
るだけである。なるだけ平静で何食わぬ心地を示すように努め
た。つまりそっと見るようにしたのである。決して凝視しては
いなかった。
　彼は川の方を見たり、振り返って私をその鋭い目でにらんだ
りした。その黄色い目の色が際立っていた。しかし飛び立つ気
配は一切ない。よほど疲れていたのかどうか分からないが、
じっとしてくれていたおかげで、双眼鏡で時に細部を見ること
ができた。後頭部に二つの大きな白い班があり、たたんだ翼に
はいくつも大きな白い部分が目立った。

私は彼にとって邪魔な存在に違いない。その気持ちは想像すると私に対して非常に腹立たしい気分に満ちていたに違いないが、私はここまで来たら何かが起きるまで待とうと覚悟を決めた。雪が積もっているが、日差しのおかげで、私はポカポカと温かい。おかげで、私はほんわか、ぼんやりしていたのだ。

　彼は30分も我慢していたが、とうとう飛び立ち、向こう岸の方に低く飛んだ。体を左右にぐいぐいとひねっている。普通こんな飛び方はしないだろう。しゃにむに力を入れているのがよく分かった。向こう岸にたつ橋の橋脚に向かってもうちょっとで当たると思えるまでそのまま突っ込んでいった。どう見ても腹立ちまぎれに飛んでいる。これは明らかに私に向かって攻撃を仕掛けるだろうと身構えた。帽子はとられる覚悟で構えていた。彼は、予想した通り本当に真っすぐ向かってきた。カメ

Ⅲの①　太田川の河原にいたハイタカ（2005.12.12）

ラを覗きながら、そして、その怒りに燃える黄色い目が少しも
ぶれずに大きくなってくるその迫力に圧倒され結局撮影は忘れ
ていた。

　直前で、彼はグイっと急上昇して私の頭上を2度旋回して
去った。

　このような生き物の表情、その目、体の動きに現れる内面の
動きを探るこの極上の出来事は滅多にないことだ。できるだけ
何気ない調子で座り込み、さりげなく見る態度でのぞんだ。こ
れはこれでうまくいったと思っているが、途中からにらみ合い
に発展したり戻ったりしてしまった。とはいえタカ類の内面の
様子が表情、態度からうまく予測できたと言っていいだろう。
鳥たちの場合でさえ、内面は形に現れると確信できる得難い経
験であったことには間違いがない。そっと見ると言っても、こ
の例のように凝視も伴うところまでいかないと見えてこないも
のもあるのである。

# 1　自分の目で見る

　自分の目で見たい。生き物たちが実際に目の前で動き生活し
ている姿を見て感動する。これなしにはその生き物を見たと実
感をもって語ることができない。もちろん生き物について書い
た本を読まないわけではない。ただ、実感を持って語る本はあ
まりない。それで、この目で実際に見、その実感をできれば語
りたいのだ。その生き物がどのようなもので、どのようにふる
まっているのか生き生きと語ることができるかが私にとっては
問題なのである。

時間と手間がかかり、いつまでたってもその生き物の真実の姿をとらえたとは言えないもどかしさは付きまとう。ただ、私自身はそんな風にしながら生き物を見てきた。これは経験主義というほかない。それで私が真実と信じるものに迫ることができると思っているのだ。この真実が科学的か、情緒的かはいつも問題だ。情緒的に動くと、今どきの傾向から外れるかもしれないが、ここではできる限り情緒を問題にしているのである。

　私は、こんな情緒を大事にすると主張する生き方をしているだけで、誰かを真似をしていたわけではない。真似をして何十年も過ごせるわけがないだろう。ここまでくると、先から取り上げているイギリスのギルバート・ホワイトをどうしても引き合いに出したくなる。その手紙の一部を読んでみよう。

　　仕事で馬に乗ったり、歩いたりしながら毎日私はそれぞれの鳥のさえずりがあるかないかをノートに記しました。それで、あらゆる種類の仕事についている人と同様、私が得た事実の確かさには自信があるのです。

　　　　　　　　　（Daines Barrington 宛　第3信、1770.1.15）

　これなどこのお坊さんの正直な告白だ。誰にも言われたわけではないのである。当時はどんな時代だったかというと、人びとの意識はどんどん広い世界に広がっていた。船乗りたちは既に前の世紀からアフリカへ、アメリカへと乗り出していた。世界各地からの見聞は当然ながら耳に入る。そんな時代に彼は小さな村から出なかったのだ。

　それでは、なぜホワイトのような生き方があり得たのであろ

うか。それは、ものの見方なのである。ホワイトは自分の村で
出会う鳥たち、生き物たちを歩きながら静かに見た。そして見
たことをノートに書き記し続けたと自らその博物誌に書いてい
る。この博物誌とは手紙集で、その手紙の中で語っているの
だ。彼は、この彼の一連の行動、鳥を見、その生きる姿・行動
を眺め、その様子を確かめてノートする行動に充足しているよ
うなのである。彼には充分やりがいのある行動だった。前の章
で引用したように、ホワイトは、この世界が "so full" と書い
ているではないか。その村は、私の印象では特に鳥が多いわけ
ではないが、ホワイトの目には生き物たちで生き生きと輝いて
いたに違いない。

　これは、主に視覚が人間に対して果たした効用であろう。ホ
ワイトの前の世紀から、よく知られているように、ニュートン
の光の法則の発見以来、人々は急速に意識の世界を広げ始め
た。1865 年までに顕微鏡はイギリスでは大衆化していたとい
う（『博物学のロマンス』p.191）。

　つまり、物をじっくりと見る、物の細部を集中して見るとい
う習慣は広がっていたのである。なぜそんなに顕微鏡が流行し
たか。それは細部を覗くことで人々は新しい世界が広がる楽し
さを見出したからである。世界に乗り出していった探検家たち
が持ち帰る珍しい生き物たちに人々はワクワクしたらしい。そ
の喜びが、実は身近なところに棲む生き物たちを見ることでも
達成できることをホワイトは先駆けて実感していたのである。

　ホワイトは顕微鏡を使わなかったようであるが、毎日、新し
い発見をする喜びに満たされていたと私は考える。もう少し後
の人だが、ダーウィンは大旅行をした。南米の果てまで行っ

た。その人が、旅行記の最後のところで言っていることを解釈し、まとめるとおおよそ次のようになろうかと思われる。

　異国にちょっと滞在して書いたものはスケッチのようになりがちだ。若いナチュラリストにぜひ勧めたいのは、異国に長い旅をすることである。それほど人の精神を開き、意識を研ぎ澄ましてくれるものはない。　（Darwin　p.452）

　この「長い旅」というところを第1章で引用したホワイトの「田舎に長く住む」と置き換えても同じことではないか。いろいろなものをじっと観察し続けること、その行動が新しい世界に人を導くということを、ダーウィンは実感込めて書いたものであろうが、ホワイトはそれを自分の村で行っていた。

　後の章でも触れるが、ダーウィンは旅をしながら観察したくてたまらない気分を醸し出す。実際、自然の有様に対し視覚的に感応しそこから想像の世界の広がりを堪能していたし、19世紀に入ってイギリスの詩人たちに意識されだしたと思える「感情移入」の能力を豊富に働かせていた。そして至る所で感激する。

　ホワイトの方はというと、狭い村の生き物たちをじっと見ることから、広い世界に入り込んでいたのである。ホワイトはダーウィンのように感情を滅多に表面に出したりしないし、観察から理論化を試みる道には入っていかなかったけれども、生き物がそれぞれの仕方で行動するそのあり方を見守っていた。

　例えばホワイトはある日の手紙の中で聴覚的事柄にも耳を傾ける。「近所の人は良い耳をしていて、村の2羽のフクロウが

お互いに一方は A flat、もう 1 羽は B flat で鳴くと言う」。こ
れは鳴き交わしていると言おうとしていたのであろう。という
のは、さらに同じ手紙の中で、「動物の生活と会話」という表
現をする（Daines Barrington 宛　第 10 信）からである。彼は鳥
たちの内面について考えてみようとしていた形跡があるのだ。
そのような表現をすることはかなりの勇気が要ったことであろ
う。私の記憶では、彼の文通相手であった生物学者ペナントで
さえその旅行記の中で一度もそのようなことに言及したことは
ない。

　イギリスでは、17 世紀から船乗りたちにある呼びかけ、あ
るいは指令が出ていた。"Study nature, rather than books"[注]と
いうものである。18 世紀後半に生きているホワイトも知って
いたと思っていいだろう。なぜなら、その指令は、イギリス学
士院が出していた紀要の中にあり、その紀要についてホワイト
は言及していることがあるからである。しかしながら、ホワイ
トが自らその指令に従ったとは思えない。

　注：この指令というのは、R. W. Franz の *The English Traveller* によれば、
　　　1660 年代に王が設立した The Royal Society が主に船乗りたちに出した
　　　指示の一部である。

　先から語っているように、たまたまその経験主義的な行動の
仕方に従っているように見えて、ホワイトは、実は、自分に一
番合った観察を続けていたに違いないからである。観察する場
所の広さにかかわらず、そこで生き物の有様をつぶさにじっと
眺め続け、それらに取り巻かれていることを楽しむ境地が、な
んとも素朴で清々した人間の生きる姿として我々の心をとらえ

るのである。

## 2　レンズを通して見る

レンズの拡大率を少し変えただけで、我々は新鮮な感覚を経験する。同様に、生き物に山の中で出会った時の感動は何物にも代えがたい。通常の世界から一挙に別世界に連れ込まれるからだ。それはマジックのように我々をワクワクさせる。実際、自然界のあるものの細部に焦点を絞ってじっと見てから、カメラのレンズを通してじっと見る。その上で拡大し接写することでそのワクワク感は何倍にも膨れ上がる。

私自身のことを語ると、もともと接写の魅力に取りつかれていたのである。中学に入って間もないころ父の持っていたカメラを借りて近くの山、と言っても2キロくらい離れていた松山、に入り写真を写して楽しんでいた。アルコ35というスプリングカメラ。これは蛇腹式で、レンズ部がカメラ内部にしまえるようになった接写に強いものであった。松葉の散り敷いた地面に腹ばいになり、動物の骨をレンズで拡大して見ると何とも魅力的なものになることに気がつき面白かった。もう70年も前のことである。

レンズで拡大して見る驚きは、私にとって全く新しい発見に違いなかった。その楽しみは、その山の斜面に広がる湿地に沢山生えていたモウセンゴケをじっと見て、撮影したりすることに広がっていった。拡大率の大きさにかかわらず、「写真は接写」というカメラの使い方から離れられず、その傾向は今でもずっと続いているのである。

　レンズで拡大した時の人間の反応、驚きを示す一つの例がある。後年それを私はある本の中で読み、それ以来忘れることができないでいる。イギリス人、アルフレッド・ウオレスが昔マレー半島で経験した人々の反応である。彼が仕事をしていると、その島の人々が集まってきた。それで彼らに虫を見せてやることにしたようである。

　　　…焦点を定めるように、一枚の柔らかい木の板に虫メガネのレンズをしっかり固定し、レンズの下に、小さいトゲのあるトゲハムシの類の甲虫を置き、皆に回して見せた。すると、彼らのそれを見た興奮は大変なもので、叫び、小躍りして、大騒ぎをした。…　1インチ半のところに焦点を定めたので、4倍か5倍にしか拡大できないのだが…彼らの目には100倍にも拡大されて見えたのであろう。(*The Romance of Victorian Natural History*　pp.121 〜 122)

　こんな反応を私も小さい頃にしていたし、今でもしている。その感動は昔のマレー諸島の人々と同じなのだと可笑しくなるが、この新鮮な感覚を我々は忘れがちではないか。それはまとめてみると次のようになるだろう。

　　鳥を見る。そしてずっと観察し続け、レンズで拡大してじっと凝視する。こんなことを成人してから続けることになった。それは、第1章から語っているように、広島の牛田というところに来て、その自然環境に触発されたからでもある。

その牛田という街中の田んぼに棲むタマシギたちの小さい群れは、不思議な魅力にあふれていた。本当に彼らはどんな生き物かまるで分らなかったが、そして、殆ど資料にあたることもなく、というのは、殆ど資料はなかったのであるが、この身近な鳥たちの生活にとりまかれ過ごした。その詳しい観察については、私の著書、『街なかのタマシギ』を見て頂くことにして、ある雌を夜の暗がりの中で観察し続け、その結果をもとに撮影をしたその接写の事情を語ることにしよう。

## 2-1 レンズ越しに凝視する

これは、忘れられない1羽の雌で、この群れのボスと呼んでもよいと思われる個体であった。次の挿絵は、その雌のもので、その当時に撮影し絵にしてもらったもの。すでに、先に掲げた著書の中で使ったものである。毎日のようにこの姿を確かめに出かけ、間違いなくその雌がそいつの気に入ったところにいれば安心して家に帰るのであった。長い間じっと見つめ続けた相手なので、この姿は私の脳裏に焼きついている。どうしても再度使ってみる気になったものである。

この個体がこの個体群の中で最も強いと思われる雌であった。こんな事実を見定めることができるのは冬の草の枯れた季節である。その事実を確かめるのに二冬を費やした。この雌の夜の休息地での振る舞いを2年目の冬になっていよいよ撮影することにした。

この休息場は、道路から丁度7メートル。車から撮るつもりだったので、その雌には車に慣れてもらうように、持っていた

Ⅲの② この雌は必ずここで夜を過ごす（1974.12.20）

中古のライトバンを夜には時々道路の端に止めた。夜の暗がり
を照らす唯一の光は近くにある電柱の暗い街灯である。私の
持っているたった一台のカメラは、6×6判のゼンザブロニカ
S2 というもので、有難いことにそれにニコンのレンズが付く
ようになっていた。

　1970 年には鳥の撮影を試み始めたが、いろいろ悩んで使う
ことにしたのは 600 ミリレンズ。常用した当時の焦点距離 600
ミリメートルレンズは最短撮影距離が 10.5 メートルばかり
で、その辺りからさらに近い距離では使えなかった。うんと近
い距離で写真を撮る私としては少し悩ましいことであった。

　広島に来る前、兵庫県宝塚に住んでいた私は、以前から懇意
にしてもらっている阪急仁川駅そばの写真屋のオーナー、岸田

正夫さんに何度も何度も頼んだ。諦めようとした頃とうとうニコンは頑丈な中間リングを作ってくれた。レンズはその後大活躍してくれたのである。ただ、リングを付けるとうんと近くしか写せないので、まるで接写専用のカメラのようになった。

撮影といっても暗がりの中であるからファインダーに映るのは鳥のような形のぼんやりした影である。ピント合わせは甚だ難しく殆ど勘に任せるしかない。呼吸を止めて集中するからすぐ息も絶え絶えになり、5、6枚も写すとへとへと、撮影はやめてしまうのであった。

車を止めるそこの田んぼ沿いの道は、夜殆ど車も通らず、人も通らない。だから通行の邪魔になる恐れはまずなかったが、ストロボの光ですぐ近くの家の人には迷惑をかけ申し訳ないことをした。ともかく、先の絵のようなイメージは残すことができ私のかけがえのない画像の一つになったのである。つまり、群れの最も強いリーダー雌の肖像を定着することができたのである。

レンズのことを少し付け加えると、焦点距離600ミリメートルのレンズは私にはピッタリで私の目になってくれた感がある。それ以来新しいものに代え、今では3本目である。その買い替えでは、いつも広島駅近くのカメラ店の主人、増本光雄さんにいろいろ後押しをしてもらった。

## 2-2 雄と雌の振る舞いを見た

ここでは2種の鳥、タマシギとヤマセミのつがいを取り上げ比較してみよう。そして、あえて「鳥の内なる思い」という表現をすることにした。それほどに2種の間には行動、表情に違

いがあり、内なる思いがあると思っているのだが、それを表現
する手段を獲得していない種類の鳥がいると私には見えたから
である。この2種を比較するのは唐突な印象を与えるであろう
が、これは私の事情で、タマシギの観察が終わるころ、私は広
島市内を南北に流れる太田川のそばに引っ越した。そこでたま
たまヤマセミに出会って観察をしたためである。私はこの2種
類の鳥しかよく知らないのである。

　鳥たちの会話、つまり彼らの内に存在する思いがあるに違い
ないと思っている。巣作りにかかるタイミング、共同作業の仕
方、その仕方に際して生じる雄雌お互いの思いのずれがあるで
あろう。それを相手に伝える仕方、その際の動作がどのように
なっているか、それにその動作はどのくらい変化に富んでいる
か、十分にその裏にあるだろう思いを反映していると認識でき
るかなど。それらについてある程度までででも得心のいく解釈を
得るには相当な時間が要る。それに接写できるほど近くで彼ら
にとりまかれるようになりながら観察できるのが理想である。
幸い私はかなりな程度理想的な観察の環境に恵まれた。

**タマシギの場合**

　私がタマシギを観察していたのは街なかである。もともと電
柱の陰に隠れたり、自転車を盾にしたり、夕方のうす暗がりの
中でタマシギを見守っていた。世の中は不思議なもので、何も
話したこともないのに、理解をしてくれていたご婦人がいて、
その子供が、冬の寒い夕方にコーヒーを運んできてくれたこと
もあったが、あちこちの田んぼを巡っている内に、「覗き魔」

と間違われることがあった。しかしすぐに事情を理解してもらい、おまけに、その人のビルの1階にある資材置き場にハイドを張らせてもらえることになった。そこは、柱があるだけで、他には外との仕切りは何もなくすぐ前に隣の田んぼが広がり、タマシギたちは足元にいるかのような状態であった。私は労せずしていつでも観察できるようになったのである。

　目の前の群れの中心には1羽の雌がいて、この雌の動きに群れの連中の行動は左右されていた。この雌が、私がいつも潜んでいる布製のハイドのすぐ前5、6メートルのところにいるのは願ってもないことである。その雌が他の田んぼに移動する気配が見えると、私は彼らの次の仕事、例えば繁殖活動について心準備をするのであった。1972年から1978年の観察をもとに語ることにしよう。次の絵（Ⅲの③）は、じつは別の田んぼに出ていった群れのリーダーの雌と雄である。これはタマシギの雄と雌の役割の違いを示す典型的な行動の仕方と私が信じているもので、繁殖期に彼らが巣作りを始めたころに特に目立っている。

　タマシギの雄と雌は、巣を作ろうとする田んぼに出てくるとすぐに候補地を決める。他に近くに競争相手がいなければ巣の場所はほとんどすぐに決まる。場所が決まると、初めは本当に2羽一緒に巣材集めに没頭する。そしてその作業が一段落すると、また2羽一緒にゆっくり歩きながらその田んぼの中を巡りにかかる。その時々の田んぼの形によって歩くルートは決まっていた。この時も、どちらがきっかけを作るか分からないほど自然にすっと歩き出す。この絵は、その時の図なのである。何か邪魔になるものがいると思えば、雌はこのように首をたて胸

Ⅲの③ 巣作り期に典型的な雌と雄の並び方（1973.6.10）

を張って静かに相手に迫る。雄の方は、当然その状況を察知している様子は見えるが、ただ雌の少し後ろを歩いているだけである。

　雌は、この後しばらくこの体制で見栄を切る。そして、じっと私をにらみつけてからしばらくして本当にゆっくりとむこうを向き、最後に翼に1本の白い羽根を出して見せてから恐れることもなく自分の背中を見せながらしずしずと歩み去るのである。なんとも芝居がかっているのだ。

　先の挿絵でもわかるように雄の方は、殆ど我関せずといった様子で、餌を探り絶えずぬかるんだ地面を嘴で突いている。この雄と雌の場合とてもよく観察できたのであるが、基本的にはどのつがいにも共通していた。雌は自分のすべきディスプレイ

をやって見せ、雄はただ付き合うだけ。そのディスプレイが始まる時に雄から何かサインがあるという場面に出会ったことはない。巣の場所に戻って巣材を集める行動もそれぞれがせっせと仕事を進めるだけである。

　巣に入って巣の補修をするのもまことにスムーズに交代するだけで、その間に何かお互いにアピールする様子がない。一番不思議なのは、雌が巣の補修にかける熱心さである。巣に座って産座の感触を執拗に確かめる。位置を変え、座ったままぐるぐると方向を変え、巣の周りにある草を引き寄せて屋根がけをする様は、どう見ても、今から自分も卵を抱くかと思わせるほどの丁寧さなのである。このあいだも、雄の方は巣の外で巣材を集めるだけだ。

　そして、2卵目を生んだ朝を最後に、雌は巣のそばを離れる。あとは、巣のある場所は雄のテリトリーになり、雌は、その後けんか腰で巣に入らないといけない場面を見たこともあった。それほどに、タマシギの場合つがい間のコミュニケーションは希薄のまま巣作りは進行するようであった。


　ここで付け足しておくと、特にこの雌は私のなじみになっていたもので、いつもビル1階のハイドから、そして別の田んぼの場合は車から、そっと見続けて、私とタマシギそれぞれの行動の仕方は双方ともに心得ていたと私は信じている。この雌の写真を撮ることは難しくもなく問題にならなかった。現場の田んぼに行って田んぼに車を横付けにする。5分もすれば、ゆっくりと私に向かってきてこの一連の大見え劇を見せてくれるのである。ただそこに行けばよかったのである。この雌は特に優

れていたと言おうか、翼上げディスプレイはこの雌ほどうまい
個体に出会ったことはないし、巣作りに際し雄に尻向けではあ
るが小さな稲わらの屑をくわえてじっとして見せる行為も 2 度
見せたことがあり（私の著書、『街なかのタマシギ』p.197 を参照
のこと）、特別な存在であったことは確かである。

　私に必要なことは気配をできるだけ少なくする努力をし、観
察し続けることであった。肝心なことは、私の都合ではなく生
き物の都合に従うことなのである。適当なときだけカメラを持
ち出し、レンズを通してじっと見、後は接写するだけである。
しかし、そんな具合だから、重要と思われる場面は 2 度目か 3
度目に撮影することになる。ただ、それだけその場面の重要さ
は確認できることになった。大抵は、何度も、何度も見て確か
めた動きを適当なころ合いに撮影したことを思い出す。タマシ
ギたちの内面の顕れと思える瞬間を定着することに努めたので
ある。いつもまず観察、意味があると思える行動を次の機会に
撮影するという具合で、殆どは、何年もかかった。


## ヤマセミの場合

　タマシギの観察が終わるころに、私は、太田川という広島市
を南北に流れる川の近くに引っ越した。そこで、2005 年から
2018 年まで続けたヤマセミの観察をもとに語ることにしよう。

　タマシギ同様ヤマセミも名前だけは知っている存在であっ
た。ごく身近にこの鳥がいることを知って、私はただ観察がし
たかった。どのようなことを知りたいか強く意識したことはな
く、ヤマセミの生活に取り巻かれる時間そのものが楽しかった。

　しばらくして、やはり雄と雌のコミュニケーションが特に面

白いと感じ始め、私の関心はタマシギの時と同じく雄と雌の関係だと可笑しくなった。主に観察できたヤマセミの二組のつがいは多少の違いはあるものの毎年観察しがいのある行動を見せてくれ、私はまたとない経験をしてきた。その中から、二つ目のつがい、雄のナリマサと雌のおハルを取り上げてみよう。彼らが抱卵に入る少し前のある日の朝に見せてくれた場面である。

Ⅲの④　巣に向かわないヤマセミの雌に雄が強く迫る

　上の絵は2014年3月28日の早朝の光景である。右に立っているのが雄のナリマサ。腹ばいになっているのが雌のおハルである。本来なら、もう抱卵が始まりそうな時期であるのにその気配はなかった。というのは、この地では抱卵は普通4月1日ころに始まるようであったが、数年来抱卵開始はぐんと遅れるようになり、この年は、4月14日になって抱卵の交代が始まったのである。だから、もともとの繁殖暦からすると、抱卵開始

まで約2週間の時間があった。実際、巣の補修は済み、彼らは他にすることがないのである。絵はそんな彼らの見せてくれる朝のやりとりが展開しだしたところのものである。他のつがいにも共通して起こった雄雌の意向のすれ違いであり、その日の朝も、彼ら互いの気持ちのずれ、それに対する両者の行動にあらわれるもどかしそうな様子が目の前で繰り返された。

　その朝も早く家を出た。まだ真っ暗な河原の草むらを歩き始めた。5時50分、ヘッドランプを点けることもあるが、足元は見えても、河原全体についての自分の感覚が鈍ってしまうので、ランプは点けずに進む。暗がりのなか先の絵（Ⅲの④）の止まり木の川上側14メートルにカメラをセットし、無線装置をカメラにつなぎ全体をカムフラージュして舟小屋に入った。6時15分だ。これまでの経験からヤマセミたちはまだ暗いうちには来ないことを知っているので、ゆっくりと望遠鏡を三脚に乗せて待つ。
　後は、彼らの表情、しぐさを望遠鏡で細かく見、肝心なところで無線装置を操作して撮影するだけだ。舟小屋の中に入ると風も当たらないし、快適だ。持ち主の好意に私は支えられていた。
　この日は、雌のおハルが先に止まり木に一羽で来た。6時53分、辺りは少し明るい。私が待機しだしてから約40分、大体普通の登場の仕方である。ここから8時2分まで約1時間10分おハルはこの止まり木に止まったまま動かなかった。その間に2度つがいの雄ナリマサが雌のおハルのそばにやって来て少しの間おハルにいろいろな態度を示す。このような春に特徴的

75

なやり取りが目の前で演じられたのである。

　どんなやり取りかというと、ナリマサはおハルに強くアピールしているのである。彼があれこれと雌に自分の意図を伝えようとする姿をカメラが記録してくれた。時間の経過に沿って彼らの様子を辿ってみよう。


2014年3月28日

6:53a.m.　画像の止まり木におハルが来た。いつもの通り川上から鳴きながら現れた。おハルはそこでただきょろきょろしているだけで、静かであった。相手のナリマサもまだ到着していない。ただ遠くで瀬音がするばかりであった。


　　　　約30分たった。


7:26:35.30　ナリマサが止まり木に着く。2羽ともにキョッ、キョッと鳴きたてる。初めは向かい合って鳴いていたが、すぐにナリマサは川下側にちょっと視線を外している。おハルも川上に向いている。

7:26:36.30　すでにおハルはペタンと座りだし、その冠羽も後方に傾き始める。ナリマサだけが、先ほどの方向に向け、つまり川下側に目をそらし、鳴く。

　　　　　**私の解釈：　冠羽が傾くのは、恭順のしるし。しかし、座りこむことで動かないことを表明。ナリマサは、相手にアピール、つまりこの場合は強く急き立てている。**

7:26:36.80　おハルの冠羽はいよいよ傾き、ぺたんと座り込む。ナリマサは同じ向きで鳴いている。

7:26:39.70　おハルは座ったまま冠羽をかなり開き、尾をグイっと上
　　　　　　げてナリマサの方に向いた。ナリマサは喉をそらし、空
　　　　　　を見上げる姿勢になる。

　　　　　　　　私の解釈：　おハルは冠羽を開いてそのテンショ
　　　　　　ンの高まりを示し、更に尾を上げることで、その高
　　　　　　まりがいっそう強調された。ナリマサは、目をそら
　　　　　　し、相手の怒りをうまくかわしている。

7:26:51.30　おハルは冠羽をまた閉じ座ったままナリマサに向き合
　　　　　　う。ナリマサは、そっぽを向くように川の方に頭をひねっ
　　　　　　た。

7:27:21.30　ナリマサはその尾をぴんと上げた。そしておハルの方に
　　　　　　グイっと頭を傾け、おハルを見つめる。おハルは、視線
　　　　　　を外し、川の方を見ているようで、その目はとろんとし
　　　　　　てまるでナリマサの強いアピールに反応していない。こ
　　　　　　れが上の挿絵の光景である。このナリマサの強い訴えは
　　　　　　続く。

　　　　　　　　私の解釈：　今度は、ナリマサの方が、尾を上げ
　　　　　　テンションの高まりを示し、グイっと迫っておハル
　　　　　　をにらみつける。おハルは、視線をそらし、ただ
　　　　　　ボーッとしている。全く相手の思いを無視しよう と
　　　　　　している。

7:27:22.50　ナリマサは、枝を離れた。

　　25 分後にまたナリマサはこの止まり木に戻り、しきりに鳴く。
　おハルはわずかに応じるのみ、川上に向きじっとしていた。そし
　て何の前触れもなくおハルは飛んで巣に向かった。今度は約
　2 分でおハルは動いたことになる。
　　残された雄のナリマサは約 20 分ひとり止まり木にとどまった

後、枝を離れ、私の目の前には誰もいなくなった。とても静かだ。

8:17　私もこの朝の観察を打ち切った。


　短い時間の経過の間に見られた２羽の様子をここで私なりに解釈してみよう。


### 動作・表情

　ヤマセミは普段キョッ、キョッと鳴いている。ところが、特に繁殖期、この河原ではここだけでなく、止まり木にしている枝につがいの相手が向かって飛んでくるのが見えると、大声でキャラ、キャラ、キャラ…と鳴きだす。この止まり木でもちょっと前まではそうであったが、この日はただ大きくキョッ、キョッと鳴きあうだけであった。止まり木で待ち構えている方があまり歓迎しているのではないので当然なのである。

　雄はピンと尾を上げている。これは非常な興奮を示している。例えば、フクロウが自分の方に向かって飛んでくる時に同じように尾が上がる。つまり、彼は自分なりの強い心の意向があって、雌に激しく迫っているのである。

　止まり木に止まった直後と同様に、絵（Ⅲの④）の場面のように、まともに雌に嘴を向けることはあるが、それ以外は、嘴の向く方向はお互いに微妙にずらしている。対決を避けていると思われるのである。また、相手が、ここでは雌が、グイっと自分の方に向き直ると、雄が思い切り喉をそらして空に嘴を向けるのも相手の怒りを避けている姿と見た。

　一方雌の方はどうかというと、雄が来て10秒もたつかたた

ないところで、もう冠羽をすぼめだし、枝に座りこむ体勢になった。冠羽は恭順の意思を示す時に閉じることは観察から私はよく理解している。例えば、交尾の際には、その体勢に入るずっと前から冠羽は閉じる。この絵の場面でも、矛盾するが、冠羽を閉じて従う振りをしながら、座りこんで初めから雄の思うところに応じないことを示している。

　雌がその時どんな目つきをしているか挿絵をよく見て頂きたい。目線を少し雄から外したまま、雌の目は全く何も意思を示していない。約 1 秒前からこのような目つきになってしまい、もう動かなくなった。目はトロンと死んだようになり、内面の動きに蓋をしているのである。

　雄が何をしに来たか雌はよく理解していると解釈していいだろう。つまり、雄は早く雌が巣に入ることを望んで、圧力をかけに来る。それに反抗して争わず、まるで反応しない方法を選んでいるのである。私の著書、『柳林のヤマセミたち』でも語ったように、関西育ちの私は、このとき彼らを見ながら、雄の代わりに、「何をしとるんや。早う巣に入らんかい。」と思わずつぶやいてしまった。このような雄のなんとも言いようのないじれったい姿はこの時期しばしばみられる。

　しかし、雌は、恭順の意を示しながら、体の動きがその内面の動きに反応していたと私は信じている。タマシギたちと比べて、彼らは相当な程度このような微妙な内面の動きを表現する、言い方を変えると、表現できるように進化しているのではないかと思ったのである。

　少し大げさになるが、タマシギたちの内面の動きがあるとしても、それは殆ど体の動きに出ては来ず、雄と雌の間のコミュ

ニケーションと言っていいものはみられず、ただぶっきらぼうな行動が並行して起こると言ったらよいであろう。

### つがいの状況

ほかのヤマセミのつがい同様、雄は普通雌のすぐ隣には止まりたがらない。雌が隣に来てもすぐ枝を離れる。雌はほぼボスのような存在なのだ。ただ、このつがいの2羽は比較的仲が良い方で、朝も一緒にこの場所に現れる。

雄が雌のそばに来るのは、繁殖期のこの時期に限られるようである。つまり、巣穴の補修も済みあとは巣に入り卵を抱くまでの間である。産卵の時期と思われるが、雌はとても不活発になる。その雌を巣に向かわせようとしきりに雄は雌に強く訴えかける。上にあげたような行動は、この時期毎日のようにこの止まり木の上で起こった。

### 声による表現

もう一つだけ、次の日、3月29日の例をつけ加えておこう。この日も私は舟小屋の中から止まり木をじっと眺めていた。その止まり木の上に雌のおハルがいた。この朝も枝の上に腹ばいになり川上の方をぼんやりと見ており、巣穴の近くにいる雄の方を見ることもなかった。しかし、そこで雌は突然キュルキュルキュルキュル・・・と大声で鳴きだした。巣の方にいた雄はすぐに下りてきて、そのまま交尾。この声は、繁殖期につがいの2羽が特に巣の近くで強い興奮状態に入り鳴くときの大声、キャラキャラキャラ・・・の変形と思われる。興奮した状態を感じさせる切迫した声であるが、それが雄を強力に呼び寄せる

働きをした例であった。

　ここまで、広島の太田川沿いに住むヤマセミたちの生活の様子を紹介してきた。これは、私なりの観察による解釈であり、特に情緒的であることをはばからず、彼らの内面の動きという表現で、心の働きが体の動き、様子に顕れていると語ってきた。少し行き過ぎたことかもしれないが、彼らのコミュニケーションはそれくらい濃密な状態にあると言わざるを得ないのである。先に比較のために紹介したタマシギとは比べものにならないほどの入り組んだやり取りをここのヤマセミたちは行っていた。

　こんな観察は、舟小屋無しに続けられたであろうか。とても有り難かった。ヤマセミたちは殆ど人間の活動に左右されることもなく自由に行動していた。そこにたまたまその舟小屋があったのである。

　ヤマセミたちはその風景に慣れていた。彼らは私の頭上２メートルほどのところにしばしば止まる。目の前１メートルをかすめ飛ぶ。私はただ小屋への出入り、特に出ていく時に気を使った。彼らが側にいない隙を見て出ると、後は釣り師のふりをして歩いて帰るのである。

## 3　そっと覗くよろこび

　タマシギの場合は、Ｄ田と呼んでいる冬の間に彼らが使う田んぼの観察に限られるが、タマシギの観察をとおし私は布製のハイドの前面にあけたスリットから生き物をそっと見る楽しみ

を経験してきた。タマシギたちは私の存在を薄々感じながらも、自分たちの普段の生活を隠すことはなかったと信じている。

　しかし、2005年から川のそばに移り住みヤマセミたちを観察することになって、川沿いのヤナギ林という自然の中で生活するヤマセミを見続けることになった。それぞれの種の特徴もあるとは思いながらも、ヤマセミは街の中という非常に制約された環境の中に棲むタマシギとはずいぶん違った反応をすることに気づいた。というより、タマシギたちは、家並みの間に点在する田んぼという街中、自然からかなり遠ざかる環境で生活をしていたのだ。

　ヤマセミたちは、ずっと敏感に人間の存在そのものに反応した。だから私はこのヤマセミたちがどのように環境内で神経を配り、どんなものにどう反応するのかそっと確かめることから始めた。彼らとの最初の出会いがあまりに突然で、彼らの怒りを頭から浴びた者としては（詳しくは私の著書、『柳林のヤマセミたち』19ページを参照していただきたい）、観察するという行為そのものが持つ私の都合をどこまで押し出すことができるか問題であった。その最初の課題は私が「祈りのポーズ」と呼ぶヤマセミの姿勢をどう解釈するかである。

　いよいよヤマセミというものを見に出かけたとき、はるか遠く、約300メートルに立つ高い木の上に1羽の姿があり、上を見上げたまま全く動かない。この行為そのものが私にとってはまるで不思議であった。

Ⅲの⑤ 巣の少し下で「祈りのポーズ」をする雄

　かなり大きくて白く目立つヤマセミといえども、300メートル離れると知らない人にはそこにいるのさえよく分からないことも起こりうる。

　私はヤナギの木、クワの木に身を隠しながら少しずつ前進。しかし、約200メートルまで近づくとヤマセミはかなりソワソワとし落ち着かなくなる。これを何日も繰り返したがやはり毎回同じである。それで、私は次の手を考えざるを得なくなった。それが私の著書、『柳林のヤマセミたち』のなかで詳しく説明した300メートル・ポイントというものであった。

　実は、このポイントを工夫することが、つまり観察の定点を決めることが、私の言う「そっと見る」を言葉ではなく、自分の体験の中に組み込むことであった。いつもながら私は自分で作り上げた物語をたずさえて臨んだのではなかった。ヤマセミ

はこんなものだろうという予備知識もなかった。

　何も知らず、ただ観察したくてたまらない。それで「そっと見る」というのだから、矛盾にさいなまれることになった。

　ともかくそのポイントを300メートル離れたところに作ることにした。幸い初めの内は、川の中央部まで細く伸びた島のようなところがあり、そこからは彼らの動きのほぼ全体が見えた。60倍の対眼レンズを付けた望遠鏡を三脚に取り付ければ、彼らの細かい動きは手に取るように分かった。そこに生えている葦に私は包まれていて身を隠しているようなもので、彼らにとって私の存在が大いに邪魔になっているようには見えなかった。

　もちろん川の中であるから、増水するとそこまで出て行かれない。途中からは、大増水でそのポイントは島状に孤立し、使えなくなったので、250メートル地点に新たにポイントを作ったりする必要は生じた。そのポイントの様子が第4章初めの絵（Ⅳの①）である。私の観察の約8割はここと300メートル地点からのものである。雨の日も風の日もそこに作った腰掛け石の上に座って彼らを見た。

## ハイドを用意する

　ハイドとは身を隠すものである。観察は遠くから見るだけではやはり十分ではなかった。鳴き声は殆ど聞き取れるとはいえ、その他のつぶやきなどは捉えられない。表情の細かい変化もよく分からない。それで私は彼らの活動中心地のそばにハイドを作ることにした。手に取るように間近で、しかも彼らが私の存在をほぼ感じないようなものがないかと考え続けた。ずい

ぶん時間がたったころ大増水があり、水際の砂地に立つ1本の
細い柳の木にびっしりと草の茎がへばりついて大きな塊になっ
ているのを見つけた。その木は地上すぐから3本に分かれてお
り、流れてきた草をいい具合に受け止めそのまま乾いて固まっ
ていたのだ。

Ⅲの⑥　「ゴミ山ハイド」のイメージ図

　中をくりぬいていっても草は固くしまっていて、崩れる気配
はない。私が入れるくらいにくりぬき、前に覗き窓を開け、後

ろは適当にそのあたりに流れ着いたビニールシートなどでふさいだ。覗き穴の前20メートルには水中に作ってあった舞台があり、ヤマセミたちはそこで毎日のようにハイドの中の私を気にすることもなく振舞った。ハイドではまるで防音室に入ったように外界の音はほぼ遮断され、私はただヤマセミたちをそっと覗くだけになる。

　この点では申し分ないのであるが、少し増水すると、砂地であるから水がしみ込んでくる。かいだしても甲斐がなく、水浸しになった。中に入ると草のにおいに満たされ、湿度はとても高かったが、不快なものではなかった。長靴を履いておればなんでもないのである。

　こんなに素晴らしい仕掛けも1年ももたず、増水のため支えていた木もろとも流されてしまった。

　こんなゴミの山でできたハイドも川の増水が作ってくれたもので、私が考えたものではなかった。ともかく、この河原に出れば何かと変わりゆく川の自然が教えてくれるのである。予期していないのだが、"study nature"ということになってしまう。

　しかし、こんなゴミの山を利用するなど、私の遠い記憶に導かれているのかもしれない。というのは、小学生のころ『シートン動物記』に親しんだ。狩りの道具、特に罠の記述などさっぱり分からないながらも全集を読んだ中に、どうしても忘れられない部分があるのだ。シートンは実に信じがたいようなことをしていたのである。

　灰色熊を観察した「屑山の一日」という箇所である。引用してみよう。

翌朝、早く私は鉛筆と紙と、カメラでもって武装して、その屑山へ出かけた。

最初私はおよそ 75 ヤード離れた藪から眺めていたが、後にはその臭い当の屑山のなかへ穴を掘り、一日中そのなかにいて・・・

（『シートン動物記』、p.297 ）

　子供のころ、この個所を読んで、この屑山が堆肥の山だと思っていた。ずっとそう思い続けていた。臭いというところをひどく意識していたのである。それが近ごろその臭いというのが気にかかりだした。臭いとシートンは言っている。それは堆肥ではなく生ごみが混じったものに違いない。何故かというと、そこはホテルの近くで、農場のそばではない。生ごみの方が理屈に合う。これは生ごみが混じっているのに違いないという思いがだんだん高まってきた。それで原典に当たってみると"a pile of garbage" となっていた。生ごみのことを言っているのであろう。その当時日本には「生ごみ」という言葉がなかったのかもしれないが、翻訳した人は、生ごみとすると、もはや偉人であるシートンに失礼に当たるとこれを屑にしたのではないかと思ってしまった。ただ、この臭い匂いのおかげでシートンは自分の人間の匂いをカムフラージュできたのではないか。

　シートンはそんな臭いところに 1 日もこもって灰色熊をじっと観察し、気づいたことを記録しつづけたらしい。それにカメラまで持ち込んで写真を撮っている。100 年前である。今のカメラのように小型で高性能ではない。そんな臭い穴の中でよくぞカメラを操作する気力を持続できたものである。しかし、付

け加えると1枚ごとにそのクマは近づく。何枚目かで最高のアングルになったと思ってシャッターを切ったらしい。しかし、近すぎたのである。音に気づいたそのクマはものすごい剣幕で吠えた。もう命がないと思ったそうだが、ともかく何とか無事だったという。命がけなのである。そっと見る人間の究極の姿であり、私などとても足元にも及ばない。

それから余談として挙げておきたいことは、その当時、今から100年も前であるが、シートンの周りにはクマの写真を撮る人がいたようで、野生動物と写真はその当時から結びつきが強かったのである。その人たちをシートンはカメラハンターと呼んでいるので可笑しかった。観察しながら記録のために写真を撮る人と、もっぱら写真を撮るために活動する人がいる。現代にも通じる風景である。視覚に訴える写真の表現力の強さに我々はますます圧倒されているのである。

ただし、この生き物たちの営みの向こうにあると思われる見えないものを想像する無限の喜びをもう一度かみしめたいのである。見えるものへの反応は我が身の目の楽しみに終わりがちだ。そこから想像の翼に乗って生き物の世界の背後まで心の旅をするのも時には必要であるようだ。

# 第4章　思いは時空をこえて

## 1　遠くを見る

　未知のものは見たくなる。遥かなものにはあこがれる。一度味わうともっと知りたくなる。何度も見たくなるのだ。人間の心は際限がない。

　生き物を見ていて、時にこんなことを思う。すると、これに連なって、第3章で触れたこと、「何が見えるかはその人が何に満足する人かにかかっている」という人間を突き動かす心のあり方に立ち至ってしまう。つまりその人の立ち位置、言い換えると情緒の働きの素顔が思い浮かぶのである。確かに人間の心には際限がない。想像力は無限に突き進み、広がっていく。ただし、個々の出発点が問題なのである。それに、文明の流れに安易に乗ってしまうと、自分の立ち位置さえ怪しくなる。

　私の場合を語っておかなくてはならないだろう。私はどちらかというと狭い範囲に焦点を絞り、例えば1羽の鳥、1組のつがいを見守り、長い時間をかけてその先に命の輝きを見ようとするところがある。それを辿る過程に喜びを見出すと言っておくのが当たっているだろう。

　この章で語ろうとしていることは、今述べた私の傾向に矛盾する可能性があるが、大げさに言えば山を下りて「世間」を経

験したことにより私の出発点、つまり「田舎」の意味をより一層意識できるようになった私の心のあり方なのである。たまたま日本野鳥の会広島県支部の発足に関わることになり、これまで知らなかった人々が集まり、その熱気が沸き上がり物事がひとりでに形を成していく様を有難いことに体験できたのである。その当時の小さな集まりが支部になり盛り上がっていった様子は、その時代の世の中の雰囲気とそのなかで発生する我々の新しいものを求める渇望そのものだったのだろう。その間に起こっていた、いわば町の人々との心のやり取りがもたらすダイナミズムに10数年もどっぷりつかっていた経験は、私の元々の出発点、「田舎」をより鮮明に私の心のなかに投影したのである。

　一緒に活動した人々のお名前など沢山の漏れがあるだろうし、取り上げさせてもらった方々にかける思いに偏りがあることは承知の上で書いていくことを許していただきたい。


　まず初めに私にとっては最も居心地の良い観察の有様から取り掛かりたい。なぜ取り立てて「居心地の良い」と言うかというと、第2章で語ったタマシギの観察のように街並みを縫い、人々の行きかう道で観察する窮屈さはとても神経が疲れるものだったからである。田舎でありながら、町になろうとしている牛田という場所での観察とは対照的な心地をもたらしてくれるからである。

　次の絵はその場所、最後に遭遇した河原の一コマである。広島市内を南に向かって流れ下る太田川の川岸にその腰掛けはあり、今でも使っている。そこは人が来たとしても季節的な要素

が強くて、アユの解禁から釣り師が少し来るくらいで、それも
あちこちに散らばっていくから私の観察に殆ど影響を及ぼさな
い。しかも、彼ら釣り師の動きがヤマセミたちの行動を微妙に
左右するので、人間に対するヤマセミたちの反応を労せずに得
られ、こちらとしてはそんなに悪いことではなかった。それに
釣り師たちは、私よりうんとヤマセミたちに近い位置で行動す
るので、ヤマセミたちは釣り師たちに注意せざるを得ず、おか
げで、私の存在は殆どヤマセミたちに影響を与えないものに
なっていったように感じている。

Ⅳの①　これまででは最も立派な観察用腰掛け

その川の近くに引っ越した後、2005年ころから水際でヤマセミを観察しだした。この絵（Ⅳの①）は、250メートル地点と呼んでいるところに作った腰掛けで、観察の約15年間で、これは最も豪華なものである。ちょうど流れ着いた板切れがあったのでそれらを使ってこしらえたのだ。こんな丁度良い板切れが流れ着くことなどめったにない。しかし、これもすぐ流されたので、元通り石を積み上げた腰掛けに戻った。

　この腰掛けに座って、2羽のヤマセミを見続ける。身近にいる鳥なのに敢えてずっと遠くから見守る。雨が降っても風が吹いてもほぼ毎日ここに座る。大風の日は、三脚に取り付けた大型の傘を押さえつけるだけで他のことをする余裕などないのであるが、それでも彼らを見守った。何もこれは努力しているのではなく、大いに楽しんでいるのだ。ヤマセミの観察の八割は、このはるかに遠い地点からのものである。私の観察には、これが一番似合っていて、居心地もいいのである。必要な時だけうんと近づく用意はしてあるので、何の不安もないこの腰掛けに座って、遠くのヤマセミたちを眺めるのである。

　鳥を見ているといっても、いつも姿が見えるわけではない。一瞬も気の抜けないのは、ごく早朝の時間帯で、彼らが現れる水面、銀色に波が輝く水面を一心に見守る時だ。それ以外は、多くの場合、ただボーッと前方の水面、岸辺の木々に目をやるだけである。

　遠くから見るので私の存在は観察している鳥には殆ど影響がなく、その鳥の動きはほぼ自然に近いと信じている。その鳥の自然な動きの中に、命の揺れ動き、燃え上がり、広がりなどを見定めたい。この私の行動の仕方は、ここだけでなく、いつも

そうだった。ともかく鳥たちととことん付き合いたいのだ。観察の成果はひとまず置くとして、観察そのものが楽しみだったような気がする。

　この場所は 2005 年以後ずっと使って過ごしたが、身近な鳥をじっと見守る行動にかける思いは 1972 年ころから何も変わっていない。ただ、少し電波を使う装置を使うようになっていて、その 250 メートル地点から望遠鏡で彼らの動作を確認しながら彼らの近くに仕掛けたカメラを遠隔操作して撮影するようになった。

　前置きはこのあたりで終えて、川筋のヤマセミなど思いもよらない頃のことから話を始めよう。第 1 章で紹介したルリビタキとの付き合いは、時空を超えた広がりをもたらした。広島に来て間もなく山の中腹にある勤め先の裏山で過ごした頃のことである。

### 山腹の楽しみ

　ずっと昔と言っても 1972 年のこと、夕方家に帰る前に問題のルリビタキが待っているところまで坂を登って行くのが日課になっていた。2 月のある寒い日、雪が降り積もった。寒くて食べるものがないだろうとアカメガシワの実を持って行った。

　その次の日は、ちょうど日曜で、私はそいつの記念撮影をすることにした。重い道具を背負い、荷台に三脚を乗せ、自転車を押して坂を上った。その当時、撮影は大変で、相当に気合を入れてかからないといけなかった。持っている唯一のカメラが、ゼンザブロニカ S2 という 6 × 6 判の一眼レフカメラで、

重いし、ミラーが大きいのだからその動く時のショックがたいそうなものである。一枚撮ると次のフィルムを用意するのにワインダーを4回も廻さないといけなかった。しかも、まったく機械式だから、シャッターを押しても、シャッターが下りるまでのタイムラグはとても大きく、今でも手にその感触が蘇る。なんとも懐かしくなるほどに動きがトロイのである。だから、チャンスをものにして、しかもブレていない結果を残すには相当熟練がいる。しかし、その不利な点も含め、撮影そのものはとても楽しいものであった。6×6判で撮った写真のゆったりした空間の広がりは素晴らしいのである。

　もともと私は撮影することそのもので十分満足していた。遊び相手の記念撮影なのだから、それをどうするということも殆どなかった。ただ、日本野鳥の会の出す『野鳥』誌には、時々写真を提供したりしていたので、まるで軽い気持ちで、そのフィルムを送ったら、大きなポスターになっていた。

　あいつは出世したなと思ったものである。同時に、もう用事が済んだフィルムは、ある東京の会社に寄付した。自由に使ってもらっていいと言って提供した。それっきりフィルムのことは忘れていたが、7、8年たったころ、東京のあるご婦人がそのフィルムを使ったということを知ったので、手紙を出してみた。すると、そのご婦人、烏賀陽貞子さんからご夫婦共著の本が送られてきて、その表紙に彼がいた。なんと懐かしい。あの山で遊んでいたやつ、身近な存在であったルリビタキは、遥か東京の空の下で今度はその本の表紙になって足を踏ん張っているではないか。

　彼はもう時空を超えて、その本の表紙に永遠の生命を得たの

だ。なんと嬉しいことか。

Ⅳの②　彼は本の表紙を飾った

　私はその本の表紙の彼を眺めたり、昔遊んだあの山道のこと
を思いだしたり、まさに私の思いは彼の運命と同じように時空
を超えていた。

## 2　山を下りて人々と活動

　「山を下りて」とは多少大げさであるが、山腹での生き物と
の交流を経験しながら、私の運命もかなり軌道修正することに
なった。鳥と親しむ私の楽しみには初めから私の妻がかかわっ
ていたが、彼女がある日、「一人で楽しまないで誰かと一緒に

活動したら」とつぶやいた。その一言が、私の運命をすっかり変えることになった。広島市内とはいえほぼ山沿いの「田舎」にいたものが「町」に出ることになったのだ。それからは、鳥たちとの交流というよりは町に住む人々との交流、「町」というものの勉強であった。私の活動はここで激変するのである。

　どうやって探したのか分からないが、ある探鳥会に参加した。そのころ鳥類保護連盟の支部が県内にあったらしく、その活動の一部だと思えるものであった。その事は何でもよく、ともかく参加した。その探鳥会の場所もよく覚えていないが、3人の人と知り合いになった。そして、初対面なのにその3人とにわかに活動するようになったのである。私のいつもの生き方に違いないが、ただ運命に身を任せていたわけだ。


　知り合いになったというよりは取り込まれたのかもしれない。彼ら3人は鳥の趣味に関してベテランであった。日本鳥類保護連盟に属していながら、その団体には相当な距離感を彼らは感じている様子は明らかで、それで、「ひろしま野鳥愛護会」と言う13人からなる集まりを作っているらしかった。しかし、活動そのものは問題の3人だけが熱心に動いている印象しかない。自分で言うのはおかしいのだが、私がその3人に加わることで、とても都合のいい活動の核ができたらしい。

　私としては、連盟の人は誰も知らないし、まったく自由に活動しても気になるというものではない。新たな派閥を作るつもりもなく、ただその3人と活動を続けた。何も知らないというのはとても楽なものである。ただし、自動的に私は保護連盟の会員になっていたようで、その機関誌も送られてくるように

なった。その機関誌で知った新しい鳥類図鑑[注]も手に入れた。これはとても役に立った。

　その連盟の会員ではあったが、私は、もともと小さいころから中西悟堂さんの『世界の珍しい鳥と獣』などを愛読していた。戦後まもなく兵庫県の田舎に引っ越して、周りには本など読む人もありそうもなく、まだ村に鍛冶屋が一軒あったころだが、何故かアポロ社から出たこの 2 巻本を持っていて何度も何度も読んでワクワクした記憶がある。中西悟堂さんが始めた日本野鳥の会が絶えず頭にあって、そこに生き物と遊ぶという情緒的立場をうすうす感じ取っていたらしいのである。

　そして日本野鳥の会の会員にもなっていた。当然心に響いていたのは日本野鳥の会なのであるが、そこに向かって必死に進んだわけではなく、時の流れに身を任せていた。だから、その思いが実現するまでには大分時間がかかった。

注：1973 年版で、私は発行の次の年に購入している。今の図鑑と違い、挿絵はほぼ全て白黒。ただし、大きな飛翔図が多用されており、一つ一つの種の特徴が実によく分かる。肝心の識別点も大きく図解され、読む者の思いまで的確に引き出してくれる。それに、解説も実際に野外で観察した経験を簡潔に表現してくれる。決して無味乾燥な文ではなく、読む者の野外での経験まで手を差し伸べてくれるような趣がある。私にとって、この図鑑は見て手助けしてくれるだけのものでなく、読んで楽しむものとなった。

　例えば、誰でも知っているモズに関して、「飛翔は近距離の場合、地上すれすれに飛び次の場所に止まる。」と書き、それが挿絵で示される。まことに嬉しくなるような説明で、愉快なのである。今では絶版ということであるが、50 年もたった今でも私は枕元に置いている。折に触れ楽しむ愛読書なのである。

### 新たな仲間と出発

　先にあげた 3 人とは、佐伯暢彦（故人）、松岡志朗、沖山利

治さんで、鳥を見る趣味ではベテランであった。今でも付き合いのあるのは沖山さんだけであるが、全くのよそ者である私をとてもよく受け入れてくれた。しかし、今だからもう話してもいいかもしれないが、この3人には心にわだかまりがありそうなのである。それは、保護連盟の人たち、多分数人との折り合いの悪さで、その反発から、探鳥への思いは、山ばかりに向き、連盟の人たちが力を入れている水辺は避けていた。それで、私は何とかその傾きを直したいと思ったのである。なんとも偉そうなことであった。1960年代後半（昭和44年ころ）のことである。

## シギ・チドリを調べ始めた

「それではいけません」、と私は出しゃばって海辺の鳥、シギ・チドリと親しむべきだと力説。主に佐伯、松岡と私の3人で、シギ・チドリの勉強を始めた。これは運命の不思議というもので、ぼんやりながら日本野鳥の会を目指すには、広島県内の鳥の事情をまんべんなく把握する必要があると感じていたのである。私は自分の居心地の良いところから世間に出て、何故か面倒なところに向かいだしていたのである。それに、そんな偉そうなことを言い、行動したのに、よくも許して一緒に行動してくれたと、驚き感謝するばかりである。

その活動の結果は驚くべきものであった。福山の少し西寄りの松永湾にしきりに出かけ、その度にあふれるばかりのシギとチドリたちにかこまれたのである。その結果を『野鳥』に時に寄稿した。その結果であろうか、関東の人の中には、休みに松江の辺りに行って、そこからぐるりと山陽側に下り、その松永

湾に立ち寄る人まで現れたようだった。

　私は振り返って、いかに偉そうであったかと恥ずかしい。この時期、写真は、一眼レフが普及し、カラーフィルムがようやく身近なものになりだした。ただ、まだカラーネガフィルムが主流だったようで、私は、それまでの経験からカラーポジフィルムにすべきだと主張した。それまで鳥の写真は撮ったことがなかったが、様々なフィルムを使い、いかにコダックのエクタクロームの発色が素晴らしいか実感があった。例えば、アメリカ人の先生の奥さんを撮る機会があったが、その金髪と碧眼、肌の色の発色の素晴らしかったこと。これからはポジフィルムが活躍するなどと 3 人に説いた。間もなく、より退色しにくいコダクロームができて愛用した。偉そうだったことを若気の至りとしてなんとか許していただきたい。しかし当時のフィルムは 40 年以上たった今でもまだ殆ど退色していないのに驚く。

　そんな風に広島県の一部が認知され、私としては、相当な手ごたえがあったのである。ある秋の日にはコバシチドリと遊んだりした。この時もちゃんとコダクロームを使っている。いつもただ遊んでいるだけで、特別に何かを探すことはなかったが、このコバシチドリには全く偶然に出会った。現地に到着し、干潟に出ると目の前にいたのである。動きたくなかったのであろう、我々はじっと見た。この鳥は見たこともなく、持っている図鑑も役に立たず、困ってしまい、ただ写真に撮ってあとはそのままにして帰った。1976 年 9 月 15 日だ。これ以来、ここではこの 9 月 15 日という日が特異日となった。

　これよりもっと印象に残っている場面は、この 1 年前、1975 年 9 月 24 日、あの巨大なホウロクシギが、すぐ目の前 10 メー

トルばかりのところをノッシノッシと歩くところである。そんな大きな鳥を間近で見たこともなかった。そいつは何の気づかいもなさそうに、舗装道路を闊歩する。なんとも不思議な光景だなと思ったものである。人間はテントの中に入りじっとしているのに、鳥たちは、その周りに満ち溢れている。他に鳥を見る人など誰もいない。大きなテントを張るのも何も心配ない。すぐ彼らは何事もなく周りに戻る。鳥がまだたくさん渡来していたのである。鳥たちも至ってのんびりしている。今では殆どあり得ない経験であった。テントの中で私はひそかに次のように思った。

　彼らはこんなにのびのびと生きている。これがあるべき姿だ。私はここの河口にいるが、彼らが渡っていくのはオーストラリアだ。こんな地球という丸い球体をぐるりとめぐって遥かに飛んで渡るこのホウロクシギのことを私は自分のことのように感じたことがあるのか。この一時の休息地でこんなに親しく時を過ごしている彼らの無事を祈らずにはいられない。人間

Ⅳの③　ホウロクシギとの印象的な出会い（1975.9.24）

は、自分の欲望と利益を思うだけのように見える。この地球に
生きる生き物たちのことを考える余裕を少しでも持つ必要があ
るのではないか。

　このホウロクシギのことを語っておこう。その日は河口の上
空を時々彼らホウロクシギが数羽ゆったりと飛んだ。この絵は
空から下りてきて休んでいるところである。手前の個体は、少
し体が小さめで、嘴の長さも短い。奥にいる個体と上空を飛ぶ
のを見て、その大きさの差がよく分かった。印象では、奥の個
体の 3 分の 2 強で、親子なのかずっと一緒である。頭をちょっ
と傾げたその上嘴の先端にある小さく真っ白な突起は気になっ
た。今年生まれの若鳥が、今からオーストラリアに渡るのだと
思うと、目の前のそいつは一段と頼もしく見えたのである。つ
いでに、この絵の元の写真は、コダクローム（略称は KX）
フィルムを使った。

　海辺に通う中で、いろんな人、学校の先生、動物園の人、特
に生き物に関心のある人が集まっており、今述べた海辺の鳥の
観察を繰りかえした。先生方の中には 2 人の女性、藤岡好子さ
ん、大藤由美子さん、それに小谷雄二さんなどがいて心強かっ
た。勢いを得て集まりとしての名前を考え、「ひろしま野鳥の
会」とし、機関誌、『森のたより』も出すことになった。1978
年のことである。当時は、ワープロもなく、ガリ版刷りであ
る。すべて手作業だったが、皆さんが、自分のできることをど
んどんとやられたこと、本当に有難いことだった。私は面白そ
うだということを話すだけで、特に何をしたというわけでもな

い。特別にこの会を充実させようと私は努めたのでもない。ただ面白かったのである。この 1970 年代の最後から 1980 年代の初めに渡る数年間は誰もが驚くべき熱に満ち溢れていた。のちに広島市の動物園園長になった福本幸夫さんが、「珍しい鳥だけでなく、もっと普通の鳥に注目しないといけない」と強く主張したり、『森のたより』の誌面を通じて、真剣で新鮮な議論が交わされるなど、何も色彩のない誌面であるが、今読んでも当時の熱気がうかがわれる。

　いろいろな提案、例えば機関誌の名前も私はどうしても「森」という文字を入れたいと言った。森は自然界の様々なところを象徴するものとし、そこでの生き生きした経験をつぶやいてもらいたかったのである。それに反対する人はなく、どんどん皆が一緒に前に進んだ。時の勢いというものか、全て因果というものなのだろうか。


　『森のたより』は、大丸秀士さんが編集。表紙絵は藤岡好子さんが担当してくれた。

　この会報に取り上げられたある山小屋の記録を取り上げておこう。第 1 章で紹介したと思うが、広島県には広島山稜会という山の会があって、私の世話になっていた桑原良敏先生は、そこの会長であった。それで、恐羅漢山にあるその会の山小屋は、とてもなじみのものになっていた。そんな事情で、そこの会員の吉見良一さんのお世話になり、時々泊めてもらうことがあった。

　この山稜会の山小屋がどんなに我々の会の活動の雰囲気づくりをしてくれたか、それは計り知れない。我々の西中国山地調

査、ワシ・タカ渡り調査は、この小屋が足掛かりになったと
いってもよいだろう。西中国山地調査の 3 年前、1979 年 9 月 2
日にはすでにその山稜会の会員吉見さんを含め 8 人が山小屋に
泊り込み、東隣の砥石郷山に登ったのである。その記録は『森
のたより』第 4 号に報告されている。山と蝶々と鳥の創り出す
またとない感動がその報告文にはにじみ出ていた[注]。

　それは「ハリオアマツバメ見聞録」である。その日は初めか
ら蝶々のアサギマダラばかりが目についた。登りながら振り返
ると、砥石郷から恐羅漢までの尾根筋にアサギマダラの群れが
ずーっと続いていたのだ。しかし、そのうち、更に高空にハリ
オアマツバメ 2 羽が舞っているのが見えた。砥石郷山南峰の岩
場に着いてもそのアマツバメの姿は消えず、我々はそこで休ん
で見守っていた。高空を飛んでいたはずの 2 羽は、だんだんと
近づいてくるではないか。誰かが言った。岩場から垂らしてい
る足の先 3 メートルのところをゴーッと飛んだと。また別の人
は、シュルシュルシュルと音をたてたと表現した。人によって
聞こえ方は違ったが、何度もやって来るそいつに圧倒されてい
たのである。

　ともかく、こんな山小屋泊まりが積み重なり、山地調査、ワ
シ・タカ調査を始めよう、続けていこうという気分を会の中に
伝えていったと、今になって思う。

　　注：この記事は、住岡昭彦さんが書いたとあるが、本当は大丸秀士さんが書い
　　　　たという。どちらにしても、参加者たち皆の喜びだったに違いない。


　会はシギ・チドリ調査という一本の柱を頼りに活動を広げて
いき、1970 年代の後半には、会員数は 20 名くらいに、1981 年

には我々の会は日本野鳥の会広島県支部として認められ活動は
いよいよ熱を帯びていった。そんな会の事務を引き受けてくれ
たのは、石井鶴三さん。仕事場に事務所を置いてくださり、大
変な苦労をしのいでいただいた。そして1982年8月には『森
のたより』は新たに『森の新聞』<sup>注</sup>と名前を変えそのまま今で
も続いている。出発時の編集は、渋下信明さんであった。この
新聞の初めのものを私はなくしてしまい、昔からの会員、住岡
昭彦さんにはコピーをしてもらい世話になった。それから会員
は1983年には250名に増え、最盛期には1,000人近くになっ
た。

注：このタイトルは、ロシアの作家、ビアンキの『ビアンキ動物記』におさめ
られた森の新聞という表現を借りたものである。


　会員がどんどん増えていく間にも、今の1本の柱に加え、
もっと身近な広島市内の鳥に関心を持とうと訴え続けた。とも
かく、どうしても飼い鳥の伝統から人々は抜け切れていないと
感じたので、山地の限られた鳥たち、例えば鳴禽と言われる鳥
たちだけでなく、極力ごく普通の身の回りの自然に関心を持と
うと言い続けたのである。今から思えば、全くのよそ者がよく
もこんな事をしたものだと身が引きしまる。
　この考え方、「ごく普通の身の回りの自然に関心を持とう」
という思いは、ずっと昔から私の基本になる行動の仕方であ
り、少しも変わっていない。会の活動についても、私個人の行
動の仕方にしても、もう支部の運営から遠ざかっている今でも
変わらない。

## 3　三本の柱が立った

　我知らず思いは時空を超えて飛び歩いた。1978 年から 82 年
ころまで、活動は拡大していった。1 本目の柱、シギ・チドリ
の探索は、野鳥の会の全国的な一斉調査にうまく合体した。そ
の後は日比野政彦さんが担当して今でも続いている。後の 2 本
は私の中では自然に発生してきたものだ。ともかく、支部の人
たちは私も含め広島県内の鳥相を知らない。言い換えると、県
内の土地がどのように鳥類生息にかかわっているか、これにつ
いての知見が少ないであろうとの思いから新に 2 本の柱が自然
に目の前に浮かんだ。ここで合計 3 本の柱を並べてみてみよう。

　　1　シギ・チドリ調査
　　2　西中国山地鳥類繁殖調査
　　3　県内を通過するワシ・タカの渡り調査。

　2 本目の鳥類調査である。先にも触れた私の勤め先の先輩同
僚が、その頃広島山稜会の会長であった関係で少しは西中国山
地について教えてもらっていて、ある程度広島の山地になじみ
があった。既に述べたように、山稜会は広島で一番標高の高い
恐羅漢山の山腹に山小屋を持っていて、それを利用させてもら
えることを知っていたので、県内全域で、できる限り山小屋な
どを利用して一泊で山地の鳥類を皆で探ることを思い立った。
　このような成り立ちの調査であるから、もちろん広島県支部
独自の調査であった。身近な自然に対する思いは時空を超えて

広がったのである。今支部独自と言ったが、実は、これに先立って1978年には、環境庁による全国一斉の鳥類繁殖調査があり、日本野鳥の会が実際の調査にあたった。まだ支部になっていない頃で、広島からは「広島グループ」としてこの調査に臨み、合計22名が参加している。この調査も我々広島野鳥の会の活動の追い風になったのは確かである。

　問題の県支部独自の最初の調査は、1982年6月6日、県内8か所の山小屋などを利用させてもらい、山小屋のないところはテントを張るなどして行われた。

　これは全国一斉というものでない。我々自身が、地元の者の感覚で場所を選びよく知ろうとしているものである。決して鳥の数を数え、成果を上げようとするものではない。皆さん自ら望んで、自らの思いを込めて、ワクワクして出かけた。新しい企画は、そんなにも新鮮で、することなすこと喜びに満ちていたようだ。

　頼まれた、少し強く言うと、押し付けられた仕事ではなく、自分が自らの意志で、好きな山なり、森、高原に出て、その自然を自分の体で感じる。そして、仲間が同時に県内の様子を伺っているという一種の強い連帯感で結ばれていたように感じる。

　それは、記録として、鳥たちを自然から切り取る行為とは少し趣が違い、自分が住んでいる広島の山の自然を感じ直し、あり得ないほど親しみのある経験になったのである。これは、山小屋などの舞台装置の醸し出す雰囲気の助けもあったに違いない。恐羅漢山の山稜会のベテラン、吉見良一さんには大変お世

話になったのである。

　例えば、その山小屋に泊っていて、私は夜中に外に出た。当時は既にその辺りはスキー場の一部であったが、そこを歩いていると、草原の地面に赤い二つの目が懐中電灯の光を反射するのだ。あちらにもこちらにも赤い目がある。数を数えたわけではないが、そんなにヨタカがいたのである。

　それだけではない。他所の山小屋では大変な騒ぎが起こっていた。柏原山（俵原牧場）のグループが体験したお話で、これも夜の出来事である。そこはどこかの団体の山荘であった。泊まり込んだ仲間は夕方から飲み食いしていたのだが、夜になって、沖山利治さんが外に出たのだ。しかし、彼は息せき切って駆け戻り、「あれだ！あれだ！あれが出た！」と叫ぶばかりで肝心のその鳥の名前が出なかったらしい。一大事であることは分かったので、誰もが外の暗闇に飛び出していった。そして、やはり「あれだ！確かにあれだ！」と叫んでしまったと皆笑っていた。オオジシギがあの特徴ある音を立てながら、牧場の上空を飛び回っていたのである。

　こんな鳥は日本の中部以北にいるものと思っているから、驚きであり、発見に違いないが、そのグループの人たちにとってはある一つの物語として心に焼き付けられたに違いない。

　この年は8か所に分かれてこの調査を行い、次の年1983年には9か所、その次の年も9か所にした。この調査は、調査と言いながら、皆さんの楽しみの行事になった。だから、調査が終わった後に開く報告会（当時牛田にあった「花だん」というレストランでの恒例行事）は、50人以上が集まる大変な賑わいになった。皆自分たちの物語を聞いてほしいのである。

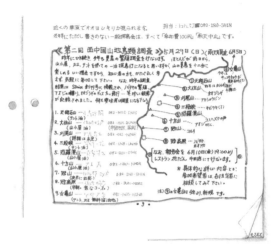

Ⅳの④　鳥類調査案内

　1983年の第2回の案内は上の絵（Ⅳの④）のようである。

　第1回目の調査結果は、その次の年（1983年）に日本野鳥の会で創刊された *Strix* に掲載され支部の地固めになったと信じている。


　3本目の柱、ワシ・タカの渡り調査については、支部が始まるずっと前から、私はその魅力、特にクマタカの醸し出す雰囲気に染まっていた。そもそもの会の初めに出会った3人の中の松岡志朗さんにはいろいろなところに連れて行ってもらい、クマタカには時々出会った。ある時など、我々はある山村の南に広がるだだっ広い田んぼをわけもなく歩いていた。その時突然その村の家々の背後にある低い山から飛び出たクマタカが何故か低空飛行しながら我々めがけて迫って来た時など、田んぼに

ひれ伏すしかなかった。

　その松岡さんは、まだ『森のたより』の時分に、一文を寄せて、「私は時にクマタカを"追う"という言葉を耳にするが追うのではなく出会うのである」と述べるのはこの人らしくなんとも麗しい態度なのであるが、今先に書いた遭遇劇もそんな彼の心の内を表すのにぴったりの出来事であった。

　タカ類との縁は、これだけでなかった。1980年代には広島市の少し奥まった稲田の続く谷間にはサシバが電柱ごとに点々といるほどの風景があったし、その上空低く蛇をぶら下げて飛ぶクマタカの姿を見るなど、今から思えば贅沢な状況であった。

　そんな中、支部に入ってくる人の中には、特別クマタカに詳しい人が2人いた。東常哲也さん、森本栄さんである。2人は動物のように生き物がよく分かる人で、「動物みたいだ」と言うと気を悪くするところもあった。だけれどやはり今でも野人だと思う。これは私としては、尊重しているのである。あの『論語』に、「一野人の教養の方が大夫のそれよりはるかに本物であろう」といった意味のことを述べるところがある。そんなダイナミックな存在感のある2人の加入によって力を得、私は次の全県調査に進んだのである。

　何かが始まる時は、まとまってやって来るものだといつも思う。私は1976年8月に手元に届いた日本自然保護協会の『自然保護』という小冊子にハチクマのニュースを見たのである。それは、

　　1976年の5月26日に兵庫県の氷ノ山でハチクマが150羽渡っていった。

というとても短い記事であった。氷ノ山といえば、兵庫県の北西端に位置している。いまだに兵庫県内に私の家があるので、その山と群れの姿は想像できた。そこを渡るのであれば、秋に帰る時に、そこを通るとして、広島県に着くころにはどのようになるのか、多くのハチクマたちの飛行ルートは多分少し南に下がるとしても、かなりのものたちが、広島県の山並みにそって西に移動するだろう。広島県の山並みは、何本も北東から南西に流れるように走っている。そこをどのように通路として使うのか調べたかった。

　もちろん、私は広島市内の牛田に住んでいたこともあり、秋にはその上空（つまり JR 広島駅の約 2 キロ北）をたくさん通ることは知っており、多くのものたちは、広島に至るころにはもう瀬戸内海寄りに下りてきているのは想定していた。ただ、全県的なタカたちの流れを知りたかったのである。最初のタカの渡り調査は、県内 14 か所に分かれ、1982 年 9 月 26 日に行った。何年も見ていて広島県内を多くが渡るのは 9 月 23 日あたり、春の渡りは 5 月 15 日あたりのようである。だから、先の兵庫県の日付からすると広島県から兵庫県まで約 300 キロを 10 日ばかりかけてゆっくり渡っているようなのである。

　調査には展望の利くめぼしい山をさがすことから始め、会員それぞれが好みの山に出向いてもらった。辺鄙なところに行ってもらうのは申し訳なかったが、誰もまだ知らない広島県の実情を皆で発見するにはこうするしかないと無理に頼み込んで行ってもらったところもあった。もちろんその後ハチクマたちの春の渡りの観察もした。秋と多少の違いはあるが、毎年ほぼ

Ⅳの⑤　ハチクマの渡り。もう10キロで広島市中心部
　　　　上空だ（1987.5.15）

同じように、5月15、16日あたりに多数が広島市内を通過す
るようである。その他の鳥類の通過も、それぞれの調査地点の
意見から、秋は特に県内の山並みに沿い地形を活用しながらハ
チクマたちが渡る様子が見えてきたのであった。支部の人たち
はハチクマだけでなく、広島県の土地の在り様とタカたちの動
きが広い視野でとらえられるようになったのではないかと私は
思っているのである。

もう一つ支部の活動としてそもそもの初めから話をしていた野鳥図鑑がある。これは福本幸夫さんが担当。他の行事と並行して福本さんは野鳥情報カードを作成し、皆さんに働きかけて鳥の記録を集め、面倒な出版の交渉も乗り越えた。『ひろしま野鳥図鑑』として 1998 年に完成した。

　その後もずっとこの図鑑の改定をしようとし、広島支部の支部長になってこれからという時に、病気で亡くなった。2021年 2 月 2 日のことである。個人的には、広島市に動物園ができたときからの長い付き合いであった。惜しい人をなくし残念でならない。


　さらにもう一つ付け加えておくべきことは、大野町の当時の町長であった谷口恒人さんが町にサンクチュアリーを作ることを決断し、野鳥の会がその事業を引き受けることになった。それで、実際の土木作業は我々支部の会員が参加して進めた。1984 年のことである。そこで、そこにレインジャーが必要となり、私は迷わず東常哲也さんを推薦。受け入れられた。

　その支部の仕事が進む中、私は、自前のサンクチュアリー、支部のあり方に対して抱く理念を支えるためにサンクチュアリーを持ちたかった。そこで、案を練り始め、思いを広めるために様々なことを『森の新聞』のなかで語った。ただし、野鳥の会の支部の多くの人には私の思いが届かず、残念ながら支部から離れた。全く私の説得不足であったと反省している。しかし、新たにグループができ、山小屋の作業に当たるのである。

　ただし、この別行動は、私にとっては本当に良かったと思っている。またもや私の活動の中心は山懐の田舎に戻った。そして、少数の仲間と小さな、小さな村の木々に囲まれ、そこの村の人々と着かず離れずに過ごしながら、全く自由に生き物の気配に、声に囲まれることができたのである。そのような山の中での生き物との交流は 15 年ばかり続いた。その 15 年ばかりに起こった出来事が第 5 章の話題である。更に、この第 4 章の最初に掲げた腰掛け周辺の世界の様子、特に柳林の創り出している世界の有様が、その次の第 6 章の内容である。それは、結局「町」の近くの「田舎」に改めて目を見開くところにつながっていったことを物語るのである。

# 第5章　情緒的な観察者

## 1　絵のような山小屋

　これは「小屋のある風景」である。小屋は西中国山地の一角に仲間とともに建てたもので、もう25年になる。

Ⅴの①　新緑に包まれた土橋の小屋（2007.5.13）

　背景の山はブナが所々に交じるミズナラの林に覆われていて、その木々がちょうど新緑の季節を迎え若葉がむくむくと盛

り上がって来たところだ。その山を下りてくると、小さな田んぼが数枚あり、ずっと放棄されたまま黄色いサワオグルマがびっしりと咲く湿地になっていた。その湿地をぬけるとすぐ杉の小さな木立に守られるようにこの小屋がある。

　この絵の元になっている写真は仲間の野津幸夫さんが撮ったものである[注]。この集落への入り口にたつ3本の杉が小さな祠を守っていて、そこに着くと小屋のある土橋という集落がぱっと視野に飛び込んでくる。その光景に感動して彼は思わず撮ったものらしい。今は小屋のまわりの木々も大きく茂り、この光景はもう現実とは言えず、私の記憶の中に定着した絵になった。2007年5月13日の写真だから、こんな時もあったという懐かしい風景なのである。ただ、この場所に決めるまでずいぶん時間がかかった。思いを語り始めたのが1987年。会員の藤田欣也さんなどと広島県内を理想の土地はないものかと探して走り回った。

　注：小屋の右手の低い丘の頂上にある3本の松のまん中の木には、この13年間で2度サシバが巣をかけた。数年前だったと思うが、巣をかけたがっている様子があったので、なるべく小屋に行くのを控えるようにした。そのすぐ下にある大きくこんもりした木は樹齢約400年のハルニレで、フクロウの棲み処である。春と秋には、何百というカシラダカの群れがこの木に集まって賑やかであった。小屋の前の平たい草むらは、5月ころには、一日中ウスバシロチョウが何匹か飛び回った。小屋に入る道沿いにある四角いものはこのサンクチュアリーの看板で、この活動には属さなかったけれども仲のいい友達の森本栄さんが手作りしてくれた。縦横約1メートルのこの表札の下を通ってキツネ、アナグマ、タヌキなどが田んぼに出ていくのである。

　なぜそんなに走り回ったかである。私が野鳥の会の支部を立ち上げて間もなくやりだしたことの一つに第4章に説明した県

内の繁殖調査がある。それは、支部のみんなと共に広島県内の鳥たちの状況を肌で感じることであった。町の人工的な環境にどうしても影響され偏りがちな生き物たちとは違う生態に接し続けることで、町なかの野鳥の状況を的確に理解できるであろう。町とはかなり遠い山の中に何かもっと鳥たちの自然な姿に接する拠点が必要と思ったのである。

　ひとつのビジョンが私にはあった。その拠点は、出来れば小さな湿地が山に囲まれていること。町からはずっと離れた山地の中の集落、つまり昔々の日本人が住んでいたと思われる山すその何でもない風景の中にその拠点があることであった。もちろん、里山という言葉が世間に出回るずっと前のことであった。これは甚だ難しい課題である。しかし、最後に、この場所に行き当たった。1985年ころから実は思いをつのらせていて、1990年には「ツチハシ・ポイント」と名乗り、その計画案と作業の有様などについては、『野鳥』1990年の12月号に支部会員の野津幸夫さんが実に見事な一文を寄せて全国に紹介した。しかし1996年になってようやく山小屋ができるまではただ泥まみれの作業の連続であった。

　幸い藤田欣也さんの知り合いがその土地の持ち主の知り合いであったこともあり、何とか借り受けることができた。その土地は土橋という小さな、小さな集落の中にあった。それが、びっくりするくらい最初のビジョンに符合していたのである。先に述べたように、谷に入ってみるとサワオグルマの花で全体が黄色に輝き、皆でこういうのを桃源郷というのだと話し合った。こんなことが起こるなど誰も予想していなかった。藤田さんとも、人生は偶然の積み重なりだなと話し合ったものであ

Ⅴの②　小屋の看板

る。広島に日本野鳥の会の広島県支部を作ったこと、曲がりな
りにもビジョンを抱いて歩きこの土橋にたどり着いたこと、新
たなグループを作りこんな小屋を建てるなど不思議というほか
ない。その小屋が20数年たった今、その昔の姿を絵にしても
らったのである。

　土地を借り受けた後しばらくして、当時日本野鳥の会の理
事、塚本洋三さんに現場を見てもらったりして、話を進めた。
その他の詳しいことは、我々の著書、『大きなニレと野生のも
のたち』を読んでいただきたい。

　くどいようだが、これは本当に小屋なのである。初めから生
き物を観察するためのものである。地図上で見れば、この集落

と雲月山とが一体をなして、そこだけ島根県側にポコンと出っ張っているような位置にあり、山陰と山陽の両方の気配を居ながらにして見て比較できるところがあった。

　小屋の中には炊事用の流し台、トイレ、鉄管を切って作ってもらった薪ストーブがあるだけだ。テーブルなどは小屋の建築資材、厚い杉板の残りを利用して皆で作った。生き物たちの息吹が感じられる素朴なこの小屋は町に住む者たちにとってはまことに新鮮であった。作業そのものが楽しかった。そのなかでも、特に作業に通じていて、池作り、湿地の管理などなんでもやってのけた沖山利治さんの特技には我々大いに感心したのであった。彼の作った池は「沖山池」と呼ばれ、すぐにモリアオガエルが産卵し、蛇が集まる光景が出来上がった。またある朝など、彼が小屋のそばに作った池にオシドリが２羽入っていたこともあったのである。


　ここで我々と言っているのは、日本野鳥の会広島県支部の人々である。当然支部の活動にしたかったが、結果から言うと、私の思いは皆さんに届かなかった。初めはたくさんの人が参加し、土地の特徴を知ってもらえたと思った。繰り返すが、この支部自前のサンクチュアリについて野津幸夫さんが素晴らしいレポートを書き『野鳥』誌上に載せたり、『森のたより』に繰り返しその場所のレポートを書いたりしたものの、目指すところは理解してもらえなかった。私の説明不足、説得の足りなさを反省している。

　この場所はサンクチュアリと言っているが、多分人々の意に反して、私はそもそも社会活動とは思っていなかった。あく

まで支部活動の土台をさらに深く掘り下げ、確かなものにすることを目指していたのである。「身の周りの自然をよりよく知る」思いの延長線上にある活動であった。

　人々は野鳥の会に属している。そして、会だから当然ながら人々にかかわる。多分社会的な活動、人々にこの鳥を見る趣味を広めることに興味の中心がある。言い換えると、そこに満足の根がある。

　ただ、これは鳥の会だ。社会の人に行きつく前に鳥を含めた生き物に向かうその濃さが問題になるだろう。確かに、誰もまず初めに生き物が目の前にあったはずだ。しかし、すぐさま人は人間とのかかわりに取り込まれ、そこに満足を見出しがちである。私からすれば、鳥だけを自然から切り離してしまうのは何か欠けるところがある。鳥だけを取り出し、人とかかわる。それだけでは会の活動の心棒が先細りするのは目に見えている。それは自然の見える世界を表面的になぞるだけになりがちだ。私はその心棒になるところをこの土地、そして、そこに建てる小屋で支えたかったのである。広島県の鳥たちの実態をこの山陽・山陰の雰囲気が漂う場所で経験してほしかったのである。

　同時に、鳥に向かう或いは自然に向かう心を掘り下げるための一つの拠点になることを願っていたのである。人間と自然が向きあう、ほぼ原点に近いとも言える西中国山地の中にあるごく小さな村はそのために適当なところであると思っていた。5、6 軒の農家、それに神社が一つとその前に広がる 10 枚ほどの田んぼがあり、それを樹齢 400 年のハルニレが見下ろしている。その木のそばに我々が選んだ土地、そして小屋があった。

その小屋の中に座り、静かに鳥たちの声、獣たちの気配、風の音を感じながら一時を過ごす。これだけでも、鳥を語るうえで、より一層その言葉に実感がこもると確信していたのである。

　県支部の会員たちの反応がよくないので、活動は支部から離れ、支部からは、藤田さん、水田國康さん夫妻、野津幸夫さん、沖山利治さん、椋田伸穂さん、東常哲也さん、影本三智子さん、吉野宏さん、それに私、中林とその妻の11人が残り、他に新たに加わった人たちを加えて25人でサンクチュアリーの造成にかかった。


　繰り返しになるが、もちろん初めは支部の人々が町中に近い自然だけでなく、もっと奥深く西中国山地の中だけれども、わずかに人々の住む家々を囲む山里の自然をもっとじっくり体験し、生き物に直に接する足場を持つことは重要だと思っていた。そのような山地の自然を肌身で直に体験すれば、生き物たちをより深く理解でき、その経験をもとにして普段住む町中の自然の有様を的確に見ることができるようになると信じていたのである。

　この小屋で何らかの体験をし、単なる断片的な知識に確かな裏打ちができ、実感に満ち溢れた自然からの呼び声を語れるようになるであろうと期待していた。

　それで、小屋もまだない時この場所を調べることにした。小屋の絵の右端に見える谷筋の小道にテントを張ってこの小屋の奥の林を探った。山に囲まれた湿地は、花園であるし、湿地には昆虫類、特にハッチョウトンボ、ヒメシジミの繁殖などが見

られた。東常哲也さんはその湿地を見て回り、小型のサンショ
ウウオ、カスミサンショウウオ、ブチサンショウウオが安定し
た生活を送っているらしいことを見つけた。次は、陸上の動
物、鳥たちである。

　ある朝、起きてテントの外に出てみると朝食にと残してあっ
た料理の残りは、鍋の底まできれいに食われていた。つるつる
になるまでなめとられていた。実験などするまでもなく生き物
の気配に取り巻かれている。何が何でも小屋を建てる必要を感
じた。あとでわかったのだが、小屋のすぐ前には幅 30 センチ
ばかりの水の流れがあり、そこに数株のヒメザゼンソウが生え
ていた。それをクマが食いに来るのである。

　その花のそばにどっかりと坐りこんだ跡があり、おまけに大
きな糞までしていったこともあった。しかし、クマを恐れる人
は誰もいなかった。それにこの集落の人たちは誰もクマを悪者
扱いしていなかった。共存しているのである。「ああ、黒い大
きい耳と小さい耳（つまり親子）が稲田の畦をとことこ移動す
るのを時に見るよ」とのんびり語る近所のおばあさんの話しぶ
りが耳に残る。

　1996 年に小屋は完成した。それからは、皆泥だらけになっ
て湿地の改良、山の斜面の下草刈り、山中の回遊路のための伐
開など地主の大屋さん兄弟と働いた。そうしながら、西中国山
地の山の林、谷の有様を自分の身で感じ取っていったのであ
る。少しは生き物たちの世界になじめたと言うべきだろう。私
自身は、こんなことをしてやっと物事が理解でき始めるという
具合なのである。この小屋は、森の人を意識して、Sylvant と
名付けた。Sylva という英語の単語に‘nt’をつけた造語であ

る。カタカナにすると、シルバントである。小屋を使う人も小屋もこの名前で呼んでいた。

　作業が一段落すると、小屋の前で焚火を囲み昼食会をした。小屋が建つ土地は、もう一人の地主、石田キクエさんのものだったが、その息子さんが加わり酒を飲みかわしとても楽しそうであったのが思いだされる。子供の中でも村の中でも一番よく参加したのは、小川さんの娘のミカちゃんであった。その他殆どの人に暖かく接していただき、有難かった。

　生身の人間だけでなく、先人の生活も身近に感じていた。小屋の絵の画面すぐ左の山肌に、村の人たちが「芋穴」と呼ぶ洞穴があった。人間がしゃがんでやっと進めるような穴だが、昔は冬になるとそこにサトイモや野菜類、それに花などを入れていたと地主の石田のおばあさんは説明してくれた。そこに今は蝙蝠、キクガシラコウモリが棲んでいるのを東常哲也さんが見つけ興奮気味であったのが記憶に残る。ホオジロもなぜかこの小屋のある空間がお好みらしくよくそばの草むらで繁殖した。それだから、草刈は用心しなければならなかった。人々にも動物たちにも取り巻かれていた模様なのである。

　そのように、小屋ができたからといって生き物たちの様子は変わったようには感じられなかった。農家が5、6軒しかない集落に、一つの山小屋ができたくらいだと、生き物たちは十分受け入れられるようだ。


　この章の最初にある小屋の絵を見て頂くと小屋の前に平らに土が盛ってあるが、そこに生える丈の低い草はらは、ごく何でもないもののようだが、昆虫好きなら大抵の人はよく知ってい

Ｖの③　小屋の前庭にいるウスバシロチョウ（2014.6.8）

るウスバシロチョウが5月中旬だと朝から夕方まで数匹はヒラ
ヒラ飛んでいる。そして小屋の前にあるグミの花で吸蜜する。
小屋の絵で説明すると、小屋のすぐ前の大きめの木はトチの木
で、まだ若葉が伸びていない。そのすぐ前にあるのがグミであ
る。ここは標高700メートル。広島市内より季節は約1か月遅
れるので、5月中旬にやっと新緑に彩られる。


　小屋ができると、ベランダの下はさっそく蛇の越冬場所に
なった。年によってシマヘビだったり、アオダイショウだった
り、ベランダの下に積み上げた薪の下が居心地よいらしい。
　小屋に着いて静かにしていると、ゆったりと姿を見せる。蛇
はつるつると美しく魅力的だが、特にアオダイショウは小鳥を
襲うので、悩ましい。小屋の板壁に取り付けた巣箱を利用して
よくシジュウカラ、ヤマガラが雛を育てるが、この垂直の何の
引っ掛かりもないところをどこからたどり着くのか、丁度雛が

Ⅴの④　ベランダの下から東の方に頭を出したシマヘビ（2016.
　　　　9.27）

　かえったころに巣箱に入ってしまう。その現場を見つけた場合
は、捕らえて少し懲らしめ放してやる。アオダイショウは、小
屋のお客さんであるヤマガラなどの雛を食う小屋の主なのであ
るから、こちらとしては変な気分なのである。
　蛇といってもいろいろだ。小屋の主になるのは、このシマヘ
ビとアオダイショウであるが、少し性格が違う。この同じとこ
ろに出てくるにしても、間近で見守る私に用心しながらも、
ゆっくりと外に出て行ってしまうシマヘビに比べ、アオダイ
ショウはかなり攻撃的だ。その目に私の姿が映るぐらい近いの
だからやむを得ない。彼は前進するのをやめ、20センチくら
いグイっと立ち上がると、白い腹を見せ、まるでコブラのよう
にこちらに正面を向き、じっと睨む。そしてぺろぺろと舌を出
す。シマヘビとは比べ物にならないくらいの迫力である。
　これら小屋の主を含め蛇は多いと言っていいだろう。また出
たなで済んでしまうのだが、時には蛇の不可解な行動に出くわ

すこともある。

　ある日、私はひとりで小屋に行った。ベランダに座っていると、この日は、東向きでなく、南にアオダイショウが出た。そこには車がゆったり置ける地面があり、その真ん中あたりまで出ると、そこでクルクルと輪を描き出した。わずか3メートルくらいの距離だ。私がベランダにいるのは初めから気配で感じ取っていると思われたのである。それなのになぜだ。この不思議な謎の絵のようなものを描いてみせる。理解できず私はそのゆっくりした動きにくぎ付けになっていた。描き終わるとその中心に穴を掘りだしたのである。鼻先で少し掘っては上を見上げる。何かを私に伝えようとするのか、蛇とは奇妙なもので、人間を身構えさせる何かがそこにあると思った。5分くらい彼はそこにいたが、何の前触れもなくふいと掘るのをやめて私のいるベランダの下に戻った。それなりの理由があったとは思えず、蛇もこんな遊びめいたことするものかとも思い、その小屋の主に以前にもまして親近感を抱いたのであった。

　夜になって寒くなると、ストーブの薪に火を点け、床に腰を下ろし、足を投げ出してくつろぐことになる。ある日ひとりで泊まっていて面白いことがあった。ストーブを焚いているから暖かさに抵抗できないのか、ヒメネズミが入って来たのだ。硝子戸のアルミサッシの隙間から入ってくるのである。入ってくると一気に私の方に向かってくる。ストーブにくっついて足を投げ出し、本を読んでいた私はたまげながら見守っていた。奴は私の足に向かってトコトコ近づくとつるりと通り過ぎ、すぐストーブの後ろにおいてある薪の束の裏に入ってしまうので、私は思案しながらやっぱり外に出そうとした。とても簡単に捕

Vの⑤　ベランダの下から出て輪を描くアオダイショウ (2012.
10.9)

まえられたので、後で考えると、寒くて体がよく動かなかった
のかもしれない。ともかく、捕まえて出すとまた入ってくる。
人間はここでは彼らを食べたりしない動物の一種と感じている
らしいと思うと楽しくなるのであった。

　夕暮れ時でも、静かにしていればキツネがとことこ山から下
りてきて田んぼの方に出かけるのを見ることもあり、これが、
日本の昔からある普通の光景であろうと思いをめぐらすのであ
る。


　しかし、泊っていて感動するのはなんといってもフクロウで
ある。一年中、小屋の近くで鳴く。ギャウーギャウーとけたた
ましく鳴くかと思うと、小さくウーウーとつぶやく。雛たちは
キーキーと一晩中にぎやかだ。なぜこんなに良く聞こえるかと
いうと、小屋の絵の右はし、我々の山小屋から約50メートル
のところにニレの大木があり、そこにフクロウの巣があるので
ある。時にはゴジュウカラも巣作りをする。

　ある夏の日、もう 7 月 14 日になっていたが、私はひとり犬を連れて小屋に泊まった。夕方薄暗くなったので、ベランダに出て椅子に座り暮れゆく西の空を眺めていた。もちろん灯りも点けず暗がりの中に座っていた。側には犬も伏せていた。30 分ばかりした時、待ち構えていたフクロウの飛行する姿が目の前を横切った。小屋の絵で言えば左の小山から親が巣に帰るところなのである。たったの 3 秒くらいの飛行であるが、目の前 15 メートルばかり、高さ約 8 メートルのところを飛んだ。翼をフワフワと動かしながら通過するのはなかなかの見ものなのである。まだ空の明るさは残っているから実によく見える。音もなく、滑るように緩やかに通り過ぎる。ただ、何か異様なのである。普通の鳥が飛ぶ時は、とんがった嘴が先になっている。ところが、フクロウの場合は、縦にちょきんと切り落としたように、平らな顔が前進しているようで初めは奇妙にさえ見えた。私は一瞬緊張したが、犬もがばっと立ち上がったのである。

　その後はしばらくして、問題の巣のある方でキーキーとにぎやかな声が聞こえていた。そのキーキーは、少し移動するので、雛たちは大きなニレの木の枝を歩き回っているのだろうと想像していた。

　しかし、このフクロウは間もなくそのニレの木で繁殖しなくなった。仲間の中川浩二さんが何とか木に登って巣穴を調べると、そのなかに大きなスズメバチの巣がありそのせいで繁殖をやめたと考えてハチの巣は取り除いた。そこで皆の考えたことは、巣箱を作り小屋のうんと近くにフクロウを誘致することであった。まずこの小屋を作ってくれた大工、天野照次さんの協

力を得、小屋の裏の大きな杉の木に設置するのまでやってもらった。それから3年たったころ、泊った人は夜になると間近でフクロウが鳴くと言う。雄と雌の鳴き交わしと思われる声もしきりにするらしい。

　それから、できれば巣の中の様子も見たいと言うことになり、繁殖の始まる前に東常哲也さんが、赤外線ヴィデオカメラを巣の中に取り付けた。電源は小屋から電線を通じて届けられ、我々は小屋に着いてコンセントを差し込めば、いつでも雛たちの様子は見ることができた。

　それからは、集落の中の何軒かの人たちもお呼びして、夜のフクロウ観察会もした。誰にとってもフクロウはなじみの鳥なのに、雛など見たこともなく、ましてや親がネズミを運んできて雛に与えるなど思いもよらない。皆で部屋の明かりを消し、興奮して受像機の画面に見入ったものであった。

　その雛の1羽が巣の外に出るようになった次の日の早朝の様子が次の絵である。この個体は杉の枝に向こう向きに止まっているので、背中しか見えないのだ。小屋からその枝までちょうど10メートル。いろいろと声をかけてみるが振り向かない。せいぜいこの絵のように上を見上げるくらいであった。その方向に親がいるわけもないし何か小鳥でも来たのかもしれない。私はあきらめて朝食にしながら考えた。ゆっくりとパンを焼き、紅茶を飲みながら過ごした後、ちょうど持ってきていたモーツアルトの『クラリネット五重奏』のテープを流してみることにした。不思議であった。そいつはゆっくりと振り向いたのである。このあたりの事情については、我々の著書、『大きなニレと野生のものたち』をご覧いただきたい。

Ⅴの⑥　どうしても振り向かないフクロウの雛（2001.5.27）

　先に紹介した小屋の絵の中に詰まっている物語はまだまだ尽きることはなかった。例えば、絵の右にある小山の頂上に高い松がある。その真ん中の木に、これまで2回サシバが巣をかけ繁殖したのである。2018年にはもう我々もあまり熱心にこの小屋に行けず、久しぶりに訪れたら、サシバが鳴いて近くを飛び回る。問題の松に止まって我々の動きをじっと見る。それで、我々は早めに退散。その後は小屋に行くのは控えたので断言できないが、多分そこで繁殖したのだ。そうすると、この20年ばかりの間に3回も繁殖するなどその松は彼らにとってよほど重要らしいのだ。つまり気に入ると何度も同じ木を使うらしい。ほかにも集落内にいくつか巣をかけるのに理想的な松

の林があるのに、この松の木々は時々使いたくなるもののようである。

　それに、春と秋には渡り鳥、カシラダカの大きな群れがここに集まる。まことに不思議なのだが、1990年代の終わり頃は最盛期で、400くらいの群れが集まった。3月終わりころから数が増え4月中旬までにぎわった。秋は10月中頃である。小屋の西の山から田んぼに降り、しばらくすると今度はサシバの松の下に立つニレの木に上がる。その間鳴き合ってとても賑やかなのだ。またある時は、小屋の裏に一面に咲くミゾソバの草むらに下りて餌をあさるので、草むら全体がわさわさと揺れ動くのは壮観であった。

　小屋の絵にかかわる生き物たちを駆け足で辿ってみたが、これだけでもこの里山の集落が持つ生き物に対する潜在的受容力を十分に物語ると私は確信している。ここで語り切れないことは、先に触れた我々の著書に譲ることにしよう。ただ、残念ながらここで紹介した物語の一部は過去のもの、1990年から2018年までのもので、いまは、全体的に、特に鳥類（ここで目立つのはカシラダカ）の数が減っている。

　残念なのはそれだけではない。始まりのころ、塚本洋三さんに言われたように、この広い土地を買うのが一番よかったが、地主さんに売る気持ちはなく、借地のままで我々は活動した。口約束、紳士協定は役に立たず、時間とともに、地主さんは、この土地に愛着を取り戻し、牛を飼いたいということになった。湿地も辺りの環境も変わってしまった。

　我々自身はというと、殆どは既に 80 歳になっている。小屋
の周りの管理はかなりおっくうになり、話し合った結果小屋の
立つ土地の地主、石田さんに小屋は譲ることにした。時には小
屋を使わせてもらうという条件付きである。

　やはり、この世で変わらないものなどあったためしはない。
この小屋は、我々にとって絵のようなものなのである。

　実に様々なことがあった。小鳥の巣箱は丁度雛がかえったこ
ろに獣にバリバリと壊されることがある。垂直の小屋の壁に取
り付けてある巣箱でも蛇がたびたび入る。この集落にある神社
の大きな杉にあるゴジュウカラ、ヤマガラの巣はたびたび蛇に
やられる。小屋の前に止まっていたモズの雄は、カッコウに体
当たり攻撃をくらう。生き物は他の生き物を犠牲にしながら生
きなければいけない。こんな現実も嫌というほど味わった。

　この小屋に "sylvant" と名付け皆で活動し、こんな絵を描
けたのは、我々のよろこびではないか。ロマンチストたちの夢
の跡である。ともかく、生き物たちの生々しい関わり合いのた
だなかに少しでも溶け込めた。ここの谷とこの小屋で起こった
もろもろのことは仲間の心にずっと残り続けるであろう。

## 2　アナグマの森

　最初の小屋の絵にまた戻って、その山の真ん中あたりでよく
アナグマに出会った。それでその辺りを「アナグマの谷」と呼
ぼうか「アナグマの森」と呼ぼうか話し合い、その結果、仲間
の水田國康さんの推す「アナグマの森」を使うようになった記
憶がある。それくらいアナグマは我々のなじみの生き物だった

のである。我々が活動するのは昼間である。その間によく出会うとなると、彼らが夜行性という常識とは多少ずれてくる。仲間の東常さんは、その森でアナグマとタヌキが威嚇しあうのを見ている。私もそんな現場に遭遇している。

　何しろ、小屋の絵でいえば、タヌキがアナグマの森の左隣に住んでいるからやむを得ない。ある時、私は谷の合流する辺りに座っていたら、タヌキが2頭、そして真ん中の谷からアナグマが1頭下りてきた。どちらも藪にさえぎられて相手が見えていなかったようだ。出会ったとたん激しい威嚇のしあいが始まった。このことも含め、昼間よく出会うのである。

　こんな具合で、キツネにアナグマ、テンにタヌキが棲んでいるとなると、ノウサギはなかなか生きていくのが難しいに違いない。しかし、多分偶然にこの小屋ができその裏手を草刈りするようになり、柔らかい草が生えそろって、それがよい食料になった。ノウサギたちには好都合だったのだろう、我々はその姿を見る機会が増えた。記録を簡単にたどってみよう。

　1991年にも、1993年にも小屋の裏の湿地脇で子ウサギを見ている。ただし子ウサギに出会うのはここまで。後は、2001年12月23日の夜に小屋のすぐ裏に親1頭が現れ、すぐにもう1頭が小屋の絵の左端、小屋すぐ西の斜面から合流したのを見ただけである。村の人たちもウサギの姿を見なくなったと言う。小屋の裏の山にはキツネ、タヌキ、アナグマ、テンが縄張りを張り巡らせているようだ。そんな狭い谷間でノウサギが生きていくのは難しそうであった。

　アナグマの生態を調べたニールという人によれば、イギリス
では夜行性であると言う。例えば、「彼らは昼の光がほとんど
なくなってから巣穴の外に出てくる。」（ニール　p.103）。イギ
リスではアナグマいじめが昔は伝統的な遊びであったこともあ
り、アナグマたちは夜の世界に引っ込んでしまったのかもしれ
ない。日本では、そんな歴史がないせいか、のんびり昼間活動
しているということも考えられる。我々、この土橋の仲間たち
は、彼らアナグマの生態を追求することなく、時々の遭遇を楽
しむばかりであった。
　そんなに広大というわけではないが、小屋の絵の背景の山に
は右にキツネの谷（もちろんその巣穴もある）、まん中がアナグ
マの森、そして左端にタヌキたちが棲んでこの山肌を棲み分け

　　Ｖの⑦　　どんどん近づくアナグマ（2007.4.29）

ているようであった。

　そこから出てくるのであろう、アナグマにカンカン照りのなか出会うのである。

　アナグマの絵（Ｖの⑦）の元になる写真を撮った日（2007年4月29日）、私は小屋の前から田んぼの間を走る道路に出ていた。2枚目の田んぼに差し掛かった時、彼がトコトコ私の方にまっすぐ歩いてくる姿が目に入った。田んぼは4月の終わりころで、まだ田の荒起こしもなくあの小さく白い花をつけるタネツケバナが咲く中を歩いてくる。何も遮るものがないので私は見えていると思ったが、いつものように少し顔を下向きにし、大きな尻を左右に振ってぐんぐん近づく。いつもながらこれが野生の動物かといぶかるくらい人間の存在にお構いなく近づくのである。その姿はとても愛しいと言うしかないのだ。

　10メートルくらいのところまで来たので、「おい」と声をかけた。彼は一瞬立ち止まりぼんやりしたかと思うとだーっと横に走った。適当なところに水を引く土管があるもので、そこにスルリと入った。

　この日はたまたまカメラを持っていたので、この写真を撮ったが、そのシャッター音でもまるで反応しなかったのだ。彼は、何かに夢中になると周りのことはどうでもよくなるらしい。

　もう、私は同一個体だと思っているのだが、また別のある晴れた日彼は別の田んぼに出ていた。私はその時後ろから近づく形になった。私の近づいている足音は聞こえるはずだが、彼は小さな水たまりの中に右手を入れごそごそやり続ける。この時も「おい」と呼んだのに振り向きもしない。それで手をパチパチとはたくと初めて振り向いた。一瞬ぼんやりしてからダーと

走って、やはり土管に駆け込んだ。こんな具合で、愛すべき隣人なのである。

　私は彼のことが気になってしょうがない。街中に帰り、冬を迎えるころ布団に入るまでは何も考えてもいないのに、寝床の布団に丸まって入ると、私はいつも彼のことを思いだしてしまう。今頃彼は土の中の穴で、ミズナラの乾いた枯葉にくるまってぬくぬくと寝ているだろうなどと夢想する。彼は昼間活動しているから、夜は寝ているだろうなどと勝手に考え、想像しながら眠ってしまうのである。こんな自分はおかしいのかなと自問するばかりである。

　最後に鳥とのコミュニケーションについても語っておこう。1999 年 6 月 5 日のことである。前の日から私は小屋（シルヴァントと呼んでいた）に一人で泊まっていた。朝 4 時ころからホトトギスが鳴き、5 時 15 分になるとアカショウビンの声が聞こえだした。朝食をすませてから、小屋の前に積み上げられた土砂の部分を畑にしようと取り掛かった。皆で話し合い、そこにヒマワリを植えようとしていたのだ。

　石が多くて作業は一つもはかどらなかった。鍬が石にあたって土を掘るどころではないのである。しかし振り下ろす鍬が石にあたってカチン、カチンと音をたてるたびにすぐ西のコナラの林から鳥の鳴き声がするのに気づいた。とても懐かしい声である。何故かというと、広島市内の太田川沿いで聞きなれているコメボソムシクイ（いまではオオムシクイ）の響きだったからだ。鍬をおいて石を手で選りだすと声は止む。また鍬をふると、ジッ、ジッ、ジッと前奏が入ってからチロロチロロ、チロロチロロと鳴くではないか。

この前奏のジッ、ジッが重なりあったりするのである。あまりに盛んなので複数いるものと思った。それからは、彼、あるいは彼らにこたえようと必死に鍬をふるった。わざと乱暴にカチン、カチンと金属音を響かせると、それに応じて声のボリュームが上がるので楽しくなってしまい、暑い日差しのなか7時半ころから9時半までずっと畑仕事をすることになった。自然にこのような鳥とのやり取りができるなど得難い経験なのである。

ここで、山小屋の話は終わるのであるが、ぜひ付け加えておきたいことがある。この小屋での活動を本にして残しておこうと、皆で取り掛かった。ここに書き留めておいた記録を持ち寄り、日誌風にまとめた。1990年から2004年まで我々が小屋で経験したことを、順不同で季節を追うようにつづったものである。細かく注が付き、生物記録も充実したのは、この作業を担当した野津幸夫さんの得意の技である。また、小屋の入り口に掲げた陶板の表札は渡辺怜子さんの作、表紙の絵、本文中の挿絵は、東常哲也さんが担当、表紙の題字などは、影本三智子さんとそれぞれの得意の技が発揮されている。本のタイトルは、『大きなニレと野生のものたち』、副題は「ツチハシの自然誌」である。皆でお金を出し合い2004年11月に出版にこぎつけた。

この本は今でも私の貴重な参考書になっている。西中国山地の生き物の気配、記録はなんとも役に立つのである。

## 3　ツミが来た

　私の関わったナチュラル・ヒストリーにはいろいろなものが詰まっている。生き物に出会うことはもちろん、その生き物の様子を観察することに無上の喜びを感じてきた。その個々の生き物に遭遇するのは全くの偶然なのであろうが、私の宿命というものであろうか、それとも生き物を呼び寄せる偶然の積み重ねに過ぎないのだろうか、分からなくなる。ただ、その時々で目の前に現れる鳥との関わり合いを楽しんできたのは確かである。

　次はどうしても語っておきたいそんな遭遇の一つ、若いツミ、うんと小型の猛禽の一種の話である。少し時間を巻き戻して、1970年代初めのある早春のこと、これは広島市内、牛田の山腹にある私の勤め先の部屋で経験した「事件」であった。

　その日は朝からとても暖かく、それに人の気配もないので、私は部屋の入り口のドアーを開け放していた。廊下の重い鉄の扉も片方を開けておいた。湿り気の多い部屋なので、空気の入れ替えをよくしておこうとしたのである。廊下を通る人もなくとても静かで、誰だってタカが部屋の中に入ってくるなど想像もできないだろう。実際そんなことが起きたのである。

　廊下の重い扉から私の部屋まで約6メートル。建物の外から中に部屋があると鳥たちが知る由もない。だから、まるで偶然なのである。初め、チュン、チュン…とけたたましい声がしたなと思った瞬間、机の上にたまたま置いておいたダンボール箱にバサッと何かが止まった。

何が起こったのか分からないまま、まず先に入ってきたスズメの方に目が行った。スズメは書棚の下の隙間に頭を突っ込んでいるのが見えた。そして、目の前の鳥はツミなのだ。スズメはここなら大丈夫と思ったかどうか、ともかくその尻だけは見せて動かない。ツミも動かない。私はツミとにらめっこをしていた。しかし、机の上だから1メートルも離れていない。何にしてもそれでは近すぎるので、そろりそろりと椅子を動かし下

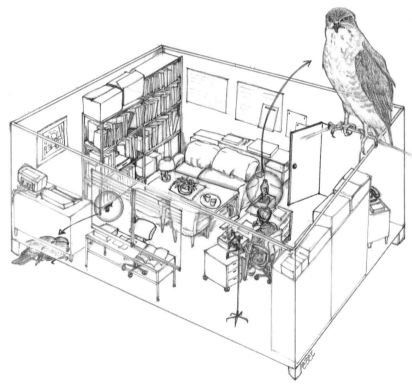

Vの⑧　私の仕事部屋に入って来たツミの若鳥

がった。それ以外何をして良いか分からなかったのである。当然と言うべきかツミの目にはいつもの猛々しい色合いが薄いような気がした。変なところに入り込んで面食らっているに違いなかった。5分もそのままでいたであろうか。いや実際はもっと短かったのであろう。ついにツミはダンボール箱からふわりと下りた。

　このふわりと下りる動作だけでも私は感動する。羽ばたかずとも、ダンボール箱からふいっと下りるそのちょっとした落差が推進力に代わるらしい。スイーっと進むとドアーの出口で右にふわりと方向転換。私は見逃すまいと足音を立てずに追った。そいつはまるで慌てず、鉄の扉を出ると、今度は左に急角度で曲がり、本当にスムーズに地上約30センチばかりのところを前進するのである。ほんのわずかの羽ばたきがあったと思えるが、私には風は何も感じられないのに翼を水平に保ったまま前に進むのである。前進し、見る間に高度をかせいでいた。私の身長を超えるくらいまで進むとグイっと180度向きを変えさらに高度を上げていった。

　それは、魔術を見ているような光景であった。彼は何も翼を強く打ち振ったりせず空気をつかみ前進し上昇できるのである。私は、ただ魅了されて見送るばかりであった。あらためてタカ類の飛翔能力を実感したのである。

## 4　科学と心

　古いツミの話まで取り出して、私の生き物歴を語ってきた。よろこびの歴史と言ったら大げさであろうが、そのよろこびを

ほおっておくわけにはいかないのである。ツミにしても、データにしてみれば、「どこそこにツミの若1」という記録だけで、出会いの時の感動は消えてしまう。それでいいのか、感動を記録というものの中に閉じ込めてしまうだけでいいわけがない。鳥を見るように我々を促したのは感動ではないのか。鳥を見る趣味にかかわりながら長年悶々とする思いを抱いてきた。

　私自身を振り返って、タマシギを、ヤマセミを見守りながらどんな生き物か必死に探究した。時間を図り、動作をつぶさに記録し、その行動の意味を分析しつづけ、さまざまに工夫を凝らしてきた。そんなに長い期間をかけて鳥の生態を調べるのは、結局鳥たちの生活に囲まれ、まみれて過ごしたい、鳥との出会いの感動を長くとどめたい思いによるものだと私は反省しながら思う。生き物とこのような接し方をしている私は、21世紀の人間として何か足らないところがあるかもしれない。もっと科学的でないといけないという声も聞こえてこないわけではない。

　現代は科学万能の時代であるが、その万能の気配は19世紀から感じ始め批判的になる人たちがいた。その一人が、たとえばイギリスの詩人スィンバーンである。その言い分をリン・メリルが引用している。

　　われわれは科学的でないことは無にすぎないようなそういう時代に生きている…　　　　　　（リン・メリル　p.166）

　この詩人から時を経て、我々は100年以上も後に生きながら、いまだにもがいていると言わざるを得ない。

　この小屋での活動の仕方にしても、私の振る舞いは科学的でないかもしれない。牧歌的すぎるかもしれない。ただ、逆手に取るようだが、この牧歌的ということは、農業をする人の生活、素朴な土を相手にする生活、生き物たちにうんと近い生活を目指そうとしていることになるだろう。少なくとも、この小屋にできる限り文明を持ち込まないようにしようと話し合った。

　第 1 章で語ったように、私はナチュラリストとしてできる限り生き物たちの生活をよく知りたいのである。ただ、この思いは知識と分析に結び付く。すると、最初に生き物に出会った時の感動、ワクワク感は取り残されがちだ。例えばイギリスの人たちの言動を参考にすれば、我々は 19 世紀初めからこの二つの要素の間でジタバタしてきたと言っても過言ではない。つまり博物学と呼ばれるものは、人々の知るとおり、初めからこの科学的な側面と情緒的側面を併せ持っていたのである。

　現在のイギリス人にしても同じである。私のイギリスでの体験でもそれを感じる。彼らのことだから外国人の私を意識してか、ちょっと気取っているに違いない。皆で鳥を見て歩きながら珍しいものに色めき立ったりするのが続くと、必ず、誰かが今日は "checker" になってしまっただとか、"lister" だとか言う。つまり鳥の目録にチェックを入れるとか鳥のリストを増やすのに精を出すとか、盛んに反省をしてみせる。とにかく、彼らは本来じっくりと鳥を楽しむ正統派であり、あれこれキョロキョロするのは恥だとするポーズを見せるのだ。彼らは物欲しそうであってはならず、なんとしても優雅なナチュラリストなのだから、それはそれでいじらしいのである。まあ、これは紳士のやせ我慢の伝統のなせる業のようで、科学的であるよう

には見せたくないのである。だから、探鳥会をしても、最後に
鳥の数を皆で確認しあうなどしない。

　そのナチュラリストが背負った二つの側面を抱きながら、19
世紀イギリスでは博物学は大いに盛り上がり、顕微鏡の流行な
どと相まって、ごく普通の人々の間でも自然の事物の細部を見
つめそこに新しい世界の存在を発見する喜びを見出したのだ。
その経験は一種の熱狂として広がったようである。例えば、19
世紀に出版されたホワイトのセルボーンの様々な版にその熱狂
はよく表れているように思う。次にその一つを紹介しよう。

　1887年の一冊である。本の背中、表紙、小口はすべて金で
飾られている。背表紙にはフクロウ、コウモリ、カタツムリ、
チョウチョ。表紙の文字は木の枝で書かれた意匠で、ここでも
コウモリが飛び、ネズミたちがおり、クモの巣、ツバメが金で

Vの⑨　重く立派なホワイトの本

描かれている。いずれにしても当時の流行の趣味があふれているが、内容は実際ホワイトが語っているものであり、当時の生き物好きには抵抗できない楽しさをもたらしたに違いない。

　私自身も、この本をケンブリッジ大学近くの小さな古本屋で見つけたときは抵抗できず買ってしまった。開いてみると、これも当時一般的になっていた挿絵がいっぱいの編集で、有名なトーマス・ビューイックが主にその挿絵を担当している。さらに面白かったのは、表紙をめくって見返しを見ると、そこにメモが書いてあり、叔母のエリザベスから、多分、甥（名前もちゃんと書いてある）にクリスマスプレゼントとして贈られたらしい。

　これは、イギリス人の本好きを示しているが、生き物を観察した記録集をプレゼントにするなど、当時の生き物観察に対する熱狂とイギリス人の生真面目さ、教育熱心なところがよく表れている。それに付け加えると、この本はたいして大きくない。菊版と呼ばれているサイズなのに良い紙を使っているのかとても重い。1.1 キログラムを少し超えるくらいもある。全く驚きである。

　しかし、このような熱狂的な博物学も黄金期を過ぎていき、情緒的側面は取り残されがちになるのである。


　現代では情緒的側面を語るのはますます居心地悪くなっているが、ジタバタしなくてもいいではないか。そのまま情緒的側面にこだわってもいいではないかというのが私の振る舞い方である。

　20 世紀後半になって、イギリスのエリストン・アレンとい

う人が言ったことは私には大いに参考になるものであった。この人はその著書、*The Naturalist in Britain* の序文で次のように言う。

　　自然の事物を観察する行為は強い美的要素を含んでいる。それが科学的なものに浸透するのである。（アレン　序文）

　これは、歴史の中での博物学の現在の位置を物語る。ただ、自然の事物への人間の思いは、この表現の中に押し込めては申し訳ないように思う。特にその「強い美的要素を含んでいる」という部分に、私は、現在自然の生き物にかかわっているごく普通のアマチュア（特にこの分野を職業にしていない人）の活動を見渡してどうしても一言加えておきたくなるのである。
　歴史は繰り返す。生き物に素朴に感動し目を注いでいるその行為の中に、科学を大きく意識する要素が潜在していたのだ。例えば、先にあげたように19世紀の顕微鏡の流行がそれで、あくまで物の細部を見て調べ、ほかのものと比べるなど、あくまで生き物を「もの」として扱いがちになるのである
　だから、美と言ってもさまざまな側面を元来含んでいる。第3章で語ったように、「そこで何が見えるかは、その人が何に満足するかにかかっている。」のである。美について受け止め方は千差万別。それを便宜的に三つに分けて見よう。

　　一つ目は、数とか種の細かい相違点を追求し、分類しリストをこしらえる、つまり生き物を感情抜きに扱い、科学的に自分自身も出来るだけ透明なものにすることに喜びを見

出す人たち。二つ目は、色彩など視覚的な側面に強く感応する人たち。例えば現代では、カメラで撮影し、生き物そのものでなく映像を自分のものにして家に持ち帰り画面上でその日に見た生き物の映像を再確認することに大きな喜びを感じる人たち。三つ目は、鳥は鳥として科学的に正確な認識を得ようと努めながらも、美的よろこび、造化の不思議さに感応し満足する人たちと言ったらよいだろう。

　美的側面といっても、感じ方の広がりは無限だ。これが人間社会の実情だし、それが自然というものである。ここで私はまた別の意味でジタバタしてしまうのである。人間社会の実情と言ったが、そのまま放置しておいていいのかと思う。美といえばすべて通るとは言えないだろう。美といえば、単なる快感と結びつきやすい。我々が自由に観察しだすと、すぐに人間中心主義が頭をもたげてくる。止めどもなくその快感を満たそうとする。そこで、相手の生き物は単なる「もの」になる。コレクションの一つになりがちだ。先にあげた三つの内の初めの二つは、どうしても人間の都合に結びつきやすい。

　我々人間は、よほど修業しないとすぐに餓鬼道というべき世界に落ち込んでしまうのである。資本主義は人々の日常精神にまで及び、生き物を知りたいばかりに、成果、成果と思わず突っ走るのである。私としては、三つ目のあり方、生き物に取り巻かれ、相手の息吹を感じて遊ぶ境地に至りたいといつも願う。

　歴史に学ぶべきことは沢山ある。19世紀英国では、この自然の観察志向が高じ、顕微鏡と水槽が流通し、例えば海辺の浅

瀬に棲む生き物はいなくなってしまうくらいに人々は採りつくしたようだ。これが人間なのだと言っておれないくらい私もそのたぐいの人々の行動に接してきた。そんな人たちに出会って、その場で異論を唱えて説得しても、人間の自由を阻むことはできず、絶えず悶々とするのである。

　ナチュラリストはどうあるべきか。それは私にとって大問題である。私は、人間の本質を横目で見ながら、この世を歩いていくのに何か道を照らしてくれるものはないか、灯台の役目をする人たちはないかと当てもなく探してきた。ここからは、たまたま出くわすことのできたナチュラリストたちの書いたものをたどりながら、私の道はどうあるべきか反省を込めて探ってきたことである。

### ギルバート・ホワイトの場合

　お坊さんであるホワイトは、謹厳実直というか、観察し、メモ帳に記録し、意気込むこともなく、慎重に生き物について書き、そこで成果を上げようなどという野心がなかったのである。ただ、2人の動物学者に手紙を出しただけで、それで終わっている。しかし、その手紙の文面からは、あふれるような満ち足りた気分が伝わってくる。静かに馬にまたがって村を巡回し、生き物を観察することに充足しているのである。これはなかなか真似ができない。

　手紙の文章は慎重に、自分の観察したことを真実と確信して相手に書き送っている。さらに知り合いの情報を取り入れて、村の生き物の織り成す世界を伝えようと努めた。ただ、しかし

と思ってしまう。ホワイトにしても、何かその慎重さの中にとどまっておられない生き物の行動があったに違いないと私は思っている。

　そんな箇所が一つあった。それは、鶏小屋を襲うハイタカの話である。これは普通に読んでしまえば何のことはないであろう。しかし、そのつもりになって読めば、ホワイトは、その感情の高ぶりを隠せなかったのである。その普及版、R. M. Lockley の編集による Everyman's Library 版で見てみよう。

　その手紙は、フクロウが 2 羽鳴き交わすという鳥たちの交信で始まっている。その最後のところで、野鳥ではなく家禽について触れながら最後の付け足しのように 10 数行で鶏のことに触れるのである。ホワイトは、こんなに面白い事件を他のところで書きようがなく、遠慮がちに付け足していると私は感じている。それほど、彼はこの鳥たちの行為に深い印象を受け、気持ちが高ぶり、普段の慎重さ、冷静さを隠しきれないようだ。鶏小屋の持ち主であったあるジェントルマンの気分、鶏たちの反応、いずれにしても少し過激なふるまいなのである。これをどう表現するか、ホワイトは冷静さを保とうと必死になっている。

　どんどん鶏の雛がかすめ取られるのが我慢ならず、そのジェントルマンは網を張った。当然ハイタカは網に突っ込み捕まった。それからである。ホワイトは、"Resentment suggested the law of retaliation" と格言めいた言葉遣いになる。すなわち、「怨みの先には仕返しがある」などと言って、報復の法則の存在を暗示していたくらいの感じだろうか、とても思わせぶりなのである。それから、このジェントルマンは、ハイタカの

翼から羽毛をはぎ取り、爪をもぎ、嘴にコルクを取り付け、牝鶏たちがいる地面にほおり込んだ。ここまでは押し殺したように冷静、正確な書き方である。

しかし、そこからがとても興味深い。句読点だらけ、主語が3度繰り返されるなど普通ではない。動詞はやたらと強い調子になる。しかし、主語が3度続くなどとても窮屈そうで読んでいて息切れがしそうになる。折り重ねることによって強い感情の波が高まっていく様子が読む者に感じられるではないか。その息苦しさがホワイトの目論見であったのかもしれないと勘ぐってしまうところである。ホワイトは、その場の光景に興奮し、これでもかと言葉を選び、感情を押し殺しながらも表現の工夫をせざるを得なかったと私は推測する。そこを原文から引用してみよう。

　　": the exasperated matrons upbraided, they execrated, they insulted, they triumphed."

　　　　　　　　　　　　　　(Letter XLIII, to Barrington)

つまり、咎めたて憤激した牝鶏たちは、ののしり、突きまくり、勝どきの声を上げた顛末を言葉にしたのである。

しかし、これだけで気が済まなかったのか、念を押すように締めくくった。

　　"In a word, they never desisted from, buffeting their adversary till they had torn him in an hundred pieces."

つまり、敵をばらばらにするまで突っつくことをやめなかったとつづる。

　この手紙の初めで触れているように、ホワイトは、鳥たちの内面の動き、心といってもよいものを何とか浮き彫りにしたかったのである。その 18 世紀終わりの状況からして、それはとても勇気がいることで、彼は遠慮がちに、うんと自分の気持ちの高まりを抑制しながら語ったと私は考えている。

　これだけ努力をし、気持ちを押しとどめて書いた文章を黙ってほうっておかない人たちはたくさんいたと推測する。私の愛蔵する 1860 年本の復刻版は、次の絵のような装丁をしているが。

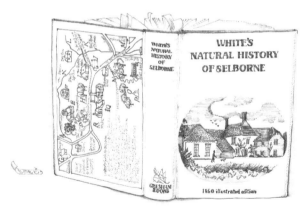

Ⅴの⑩　私が気に入っている復刻版

　そのなかで問題の手紙がどのように扱われているかを見てみよう。なんと三組の主語と動詞はそれぞれ切り離され、ダッシュで間を開けてある。そのことにより、その鳥小屋の牝鶏た

ちの動きのリズムをつくりだしていると私には感じられる。引用するとこんな具合だ。

Upbraided　—they execrated—they insulted—they triumphed.（p.278）
　　　　　（咎めたて—ののしり—突きまくり—勝ち誇った）

　私の感情移入が行き過ぎていると言われるかもしれないが、この文字の並びは、その場の雰囲気をよりよく表現しているのではないだろうか。沢山の牝鶏たちが、一人では怖いので皆でざっとハイタカに迫り、突っついては一斉に引き、また攻撃に向かう。このあたりの呼吸が我々の想像力により強く訴えてくるではないか。

　第1章で紹介したが、室内で仕事をする生物学者たちのありきたりの無味乾燥な言葉遣いを批判したホワイトらしく、牝鶏たちの内面の動きを何とか表現しようとする努力が見えるではないか。普通ではない言葉をこれでもかと注ぎ込んだ印象がある。

　しかし、これでもまだ物足らない編集者もいる。1950年に出版されたセルボーン（John Lewis編集）では、問題にしたダッシュはないが、牝鶏たちの総攻撃が絵になって添えられているのである。そのような動画の一場面風の挿絵は、私の知る限りこの種の博物誌にはありえなかったので驚きであり、新鮮でもあった。画家John Nashを非常に信頼している編集者の思い切った判断であろうが、更にそのハイタカが雛をさらって飛び去るところを1ページ大の挿絵にしている。なぜかその本

のまるで関係のない部分に、そのハイタカが騒ぎ立てる牝鶏た
ちをしり目に雛をとらえて飛び去る絵を差し入れている。それ
ほどに、この場面に編集者、Lewis は感動しているのだ。

　これでやめておこう。ともかく、慎重で、淡々と人生を歩
み、どこをとっても則を超えることはないように見えて、これ
だけ人々の想像力に訴えているホワイトの手紙の底には、命の
マグマがいつも熱く燃えさかっていて、それが言葉の端々から
にじみ出てくる証ではないであろうか。修行に修行を重ねた人
の抑制のきいたものの見方であるが、その表現には人の心に響
く温もりがあるのだ。


## ダーウィンの場合

　再びダーウィンの『ビーグル号航海記』である。ナチュラリ
ストのことを考える際、特に、19 世紀の初め辺り、ナチュラ
ル・ヒストリーというもの、自然の生き物を細かく観察し記録
する自然誌と言うべきものが時代の流れに乗って進展していっ
たようであるが、人間たちはそこでどう振舞ったのであろう
か、私の興味の及ぶ範囲で探ってみたいのである。

　ダーウィンは南アメリカの大地の生き物だけでなく、そこに
住む人間の心の微妙な変化をとらえ記述することまでしてい
る。これは第 1 章で紹介した。そのような資質を持った人が、
とても単純化して言ってしまうと、ビーグル号に乗って航海を
始めたときにはナチュラリストで、航海が終わりイギリスに
帰った時にはサイエンティストになっていたとなるかもしれな
い（Darwin　xvi）。ダーウィンのころには、ナチュラリストが
活躍する博物学の世界と科学は席を同じくしなくなっていた。

博物学がどちらかというと情緒にかかわり、科学と対峙する構図は次第にはっきりし始めていた。ダーウィンの中でもこの二つの要素は遊離する運命にあったように見えるが、私はそのダーウィンの科学を支えていたのがダーウィンの心のあり方、情緒の豊かさであったと考えている。

　現代の私たちの間でも、この遊離、あるいはもっと強く言えば分断ははっきりしていて、この科学万能の社会で我々はともすれば薄れていく情緒的な世界を何とか取り戻そうとして、写真などバラバラにされたイメージで繕い補っていると言わざるを得ない。

　しかし、この映像に頼る行動も人間の欲望の働きの迷路に我々を誘い込む恐れが十分にある。我々は自らの住む世界を超えて、何か素晴らしい境地にたどり着こうとして、則を超え不毛の谷底に落ち込みかねない。その危なげな道を歩いて進まなければならないようである。

　私はここで、科学か情緒かという二つの要素のどちらがよいと言おうとしているのではない。ただ分断された一方のもの、ナチュラル・ヒストリーの情緒的側面をこの航海記の中に辿り、航海中にダーウィンが感じたであろう心の動きを追体験し、人間の基本にかかわる先人の心の有様を自分の人生行路の灯台の一つのように書き記してみようとしているのである。だから決してダーウィンの理論を探るのではない。彼のナチュラリストとしての素顔を見てみたいのである。おのずから、読む本もこの航海記になる。

　今西錦司氏は、航海中ダーウィンは「ライエルの『地質学原理』上下二巻を精読」とその『ダーウィン論』の中で書いている（今西　p.20）。ダーウィンの進化論の背景にはこのライエルの仕事の仕方があると説いているのだ。

　しかし、ナチュラリストの私からすると、ダーウィンの本来の資質、船に乗った時から、南米を探検している最中の振る舞いに注目したいのである。そこにはあふれるばかりの情緒的なものの感じ方が記録されている。

　実は、ダーウィン自身は2冊だけ本をもって乗船したと聞く。その内の1冊がライエルの、*Principles of Geology*、もう1冊が19世紀初めのフンボルトの旅行記であったという（Darwin　序文 pp.1〜2）。ライエルについてはものを言う自信はないが、フンボルトの旅行記は、ダーウィンのものの感じ方をしっかりと支えるものであったように思う。

　フンボルトもダーウィンも生来のナチュラリストと呼んでいいだろう。生き物を見て楽しむ気分にあふれているようだ。ここでは、この旅行記に対するもう一人の人の記述を引用して、肝心のダーウィンの航海記に移りたい。


　もう一人の人とは、リン・メリルで、その著書によれば、ダーウィンが携えて乗船した本の1冊は、南米を探検したフンボルトの回想録といったもので、メリルによれば、ダーウィンはその本を船上でむさぼるように読んだらしい。

　今西氏が記述するライエルの「精読」とこの「むさぼるように読んだ」とどちらを尊重するかという分断するようなことはしたくない。というより、現場にいなかった私にはどうしよう

もない。ただ、そのどちらもありうるとしたいのだ。フンボルトも地質などとても広い知識に基づいて大陸の自然を見て歩いた。この部分はライエルの地質学と重なっている。あと残っているのは、フンボルトの博物学的な気質の影響、あるいは支えである。

　リン・メリルはそのフンボルトの表現する態度について述べているので引用してみよう。

　　「正確で詳細をきわめた観察と…それに彼自身の個人的な
　　感想で色付けしようと苦心した」(p.154)

　この「個人的感想」に私は注目しているのである。18世紀の終わりころ自分の探検で見聞きしたことに個人的感想をつけることは、イギリスでは御法度の雰囲気があったのは確かである。フンボルトはドイツ人で、その点では自由であったに違いない。私は、この項で科学と心を語ろうとしてきた。心といってもいいし、情緒的な反応と言ってもよいが、それは何事においても出発点にあると私は信じる。ダーウィンの場合もその情緒的資質がアメリカ大陸旅行で得た経験に作用して、生き物の世界に関するものの見方の土台を作り、ダーウィンの思考回路の中で次第に化学反応を起こして進化論といった理論を構築することにつながっていったと言うことも出来るであろう。

　ダーウィンが読んだ本についてはこれくらいにして、次に進もう。南米大陸を船で進んだり上陸して探検したりしながら、大陸の南端近くまで来たところの記述をここでは部分的に引用してみよう。1833年になったところで、大西洋から太平洋に

抜けようとしていた時の日誌である。

　　1833.1.11
　　　　この日から嵐になる。狭い水路を進んでいるので、水
　　　　際に迫る切り立った山の岸に波が砕け、高さおよそ
　　　　200フィートまでしぶきが上がるのが見えた。
　　　　1.12
　　　　突風が吹き荒れ、どこにいるのかさえ分からない。
　　　　1.13
　　　　嵐は最も激しくなった。船が難儀している一方で、1
　　　　羽のアホウドリが翼を広げたまま風上に向かって滑る
　　　　ように飛んだ。

　そのアルバトロスの表現は次のようである。

　　"the albatross glided with its expanded wings right up
　　the wind."（Darwin　p.193）

　次の絵（Vの⑪）じたいは、その時の様子がこんなもので
あっただろうと想像して描いてもらったものだ。この部分につ
いて私の印象を簡単に述べてみよう。この大嵐である。船も前
になかなか進めない。雪と風が荒れ狂うなかを1羽のアホウド
リは目の前を風上に苦も無くスーッと飛ぶ。その大嵐の中、し
かも風上に向かって悠然と前に進むのを見て彼はおそらく賛嘆
の念でじっとその鳥を見たに違いない。
　大嵐の表現の中で、その鳥の行動が必要になるところがナ

Vの⑪　嵐のなかを飛ぶアホウドリの想像図

チュラリストである証拠である。しかし、これだけでも読みす
ぎかもしれないと思うほど表現は淡々としている。ここは過剰
な感情が表面に出るのを抑制していたのであろう。しかしなが
ら、ここの記述全体は大嵐を何日ぶりかでやっと逃れ波静かな
入り江に入ったビーグル号の事実を書き留めるだけでなく、こ
のアホウドリの飛翔を加えたことで劇的な絵に仕立て上げたの

である。視覚的に心を打つ自然の光景に感動しているダーウィンが心の底に秘めているナチュラリストの資質を恐らく意識せずに表明している。

　13 日の引用に戻ろう。

　　昼頃大波が船全体にかぶさり、捕鯨ボートの一つが海水でいっぱいになって、すぐさま切り離さなければならなかった。切り落とすと船がブルブルと揺らぎ震えた。乗組員全員はこの 24 日間西に向かっていたが、無駄であった。皆は何日間も乾いた服を着ていなかった。夕方、偽のケープ・ホーン[注]の背後に逃げ込んだ。（p.193）

　注：本物のケープ・ホーンは大陸の南端にあるが、その巨大な岩山によく似た
　　　岩山がもうすこし北にあり、それを偽のケープ・ホーン（False Cape
　　　Horn）と言うらしい。それは東西に長く、長く伸びている Beagle
　　　Channel と呼ばれている水路（ダーウィン自身は、この水路はスコットラ
　　　ンドのネス湖に似ているという）の東の端近くに海からそびえるように
　　　立っている。

## フィリップ・ゴスの反応

　この人は、ダーウィンと同じ時代の博物学者である。虫など生き物に興味を示していたが、特に海辺の生き物の観察に没頭し、顕微鏡で詳しく見る楽しみを世の中に広め、それら海浜から集めてきたものを水槽に入れて見る趣味のブームを巻き起こした人である。沢山の本を書いたが、ここではそのなかの一冊、*Romance of Natural History* を取り上げたい。何故かというと、この人もダーウィンの見たアルバトロスの飛翔に心奪われた一人なのだ。

ゴスの生き物に対する態度は、この本の序文に明らかである。自然から切り離された生き物でなく、自然の中で実際に生きている生き物の姿をじっくりと見守り、その実際を記述するのである。その態度は、先に紹介したホワイト以来のものだ。しかし、ゴスの場合はその記述に美しい絵画的な要素を付け足す。これはホワイトになかったことである。

　その序文の中でこのゴスという人は、「観察には、いろいろな道があるが、その一つに、詩人の道がある。人間の心の情緒的なものを美的な眼鏡で眺めるやり方がある。」とはっきり述べるのだ。生き物が持つ美的な特徴を最大限引き出そうとするのである。


　今挙げたゴスの本は、さまざまな人の語ったナチュラル・ヒストリーを沢山引き合いに出してまとめたものであり、当然ながらダーウィンの『ビーグル号航海記』からの引用もある。そして、やはり、詳しく自分流の解釈を加えるのだ。


　その部分を引用してみるとつぎのようになる。


　The albatross with its wide-spread wings comes careering up the Channel against the wind, and screams as if it were the spirit of the storm. (p.48)


相当に脚色されていて、その海峡を "careering up" という言葉を使い、「風に逆らい煽られながらアルバトロスは突き進んでいる」イメージに仕立て上げた。ダーウィンはただ "glide"

したとし、「翼を広げ風上に向け滑るように飛んだ」と表現しただけだったのに、ゴスは辛抱できなかったのであろう。そして驚くのは、ゴスはアホウドリが鋭い叫び声をあげた（screams）ことにしてしまったことである。ここは多くの人がそのように夢想すると思ってもおかしくない場面であるが、少しやりすぎなのである。

更に、ゴスはその声が嵐の魂の声（spirit of the storm）のようだと強調する。情緒的に共鳴し、魂を揺さぶられるような場面を想像する喜びをここで最大限に読み取り書き記したようである。19世紀の生き物好きの人たちを代表する人ならではのところまで解釈を広げたようである。更につけ足すと、それほどまでにダーウィンはごく単純な言葉を使って人の想像力をかきたてる表現をしていたということである。

ダーウィンの記述に戻ろう。ゴスは素通りしているが、私としてはもう数行後の表現も放置するわけにはいかないのである。

船を西に進めることはできないと判断したキャプテン、フィッツ・ロイは、先の偽のケープ・ホーンの裏側に船を退避させた。そこは波も静かだった。船を岸に着け、錨を下している時だ。

> ・・・dropped our anchor・・・fire flashing from the windlass as the chain rushed round it. How delightful was that still night・・・（p.193）

ダーウィンは目ざとくこの錨をつないでいる鎖が落ちていく

時にたてる火花（fire flashing）に注目した。既に夜が近づき、とても静かなその場の光景に喜びをかみしめているダーウィンの姿が目に浮かぶ。それまで大嵐にさいなまれ続け、波静かな停泊地に着いた安ど感、緊張から解き放たれ岸に立って荒れた海を眺めているダーウィンの心は恐らく空っぽの状態になっていたに違いない。その心にこの火花はいっぱいに広がったようだ。

　表現は少しも劇的ではないが、この長い苦労が続く旅路のはてに心に響く一場面だったのであろう。淡々とした表現ながら、ナチュラリストとはいえ、科学的探検家が荒々しい船旅のさなかに、このような細やかな光景に目を止めたばかりでなく、その現象を書き留めるというのは驚くべきことである。

　さらに私の連想は時空を超えてははるか日本に戻り、芥川龍之介に関わるある場面につながってしまうのである。それは、数学者、岡潔著、『紫の火花』に紹介されたある一節で、台風が来た日の翌日に芥川龍之介が出会った光景だ。

　　東京の町はずれを歩いていたとき、雨の水たまりがあって、電線が垂れさがり、紫の火花を出していた。その時自分は、他の何ものを捨てても、この紫の火花だけはとっておきたいと思った、と。（岡　p.249）

　文学に骨身を削ろうとしている人と、科学者でナチュラリストである人が同じようなものの感じ方をしていることに深く感じ入ったのである。ともかく、ダーウィンは読む人の想像力を刺激し、その語る世界に人を誘い込む。

160

　既に語ったように、私はホワイトのナチュラリストとしての
生きる姿をとても尊重している。ただ、情緒の開放、生き物の
世界に我が身を溶け込ませるダーウィンの自由さについては、
今語ってきたように、驚嘆するほかない。

　このようなダーウィンの表現に接してから、私は人間の心の
根本をなしていると思われる情緒の働きを置き忘れることな
く、自分の目で確かめた体験を緩やかな知性と理性で熟成させ
る類の歩みを続けることができる道を歩きたいと思った。今も
その思いに変わりはない。

# 第6章　河原の自然はものがたる

## 1　道ができた

　太田川の河原に踏みあとができた。石ころばかりの川床に出る途中の草むらを歩くうちにその踏みあとが道になった。実はヤマセミの観察をする場所がその川床のほうにあり、毎日のようにそこまで歩くと踏みあとは道になるのだ。真っすぐ歩いているつもりが、いつの間にかくねくねと曲がってしまう。

Ⅵの①　踏みあとが道になった

　このような道になると、釣り師も使い、ますます太くなったのである。もともと通り道だから、そこで何かをしようとしたわけではなかった。それなのに、さまざまな生き物たちとここで出会うことになったのである。ただの河原の草むらに違いないが、私のこれまでの人生でこれほど長く同じところになじみ、そこの生き物たちの生活圏に身をさらし続けたことはなかった。

　私の経験では、このようにたまたま道をつけると、それが山の中でも 2 時間もすると私の開いた道を人がたどって入ってくることがあったので、道をつけるときにはよほど用心する必要があると思っていた。幸いなことに、先の絵（Ⅴの①）の道に人が入って荒らすことはここ 10 年くらいなく、人に会うことがあってもせいぜい 1 年に 2、3 人である。だから、私は殆ど誰にも邪魔されることもなく、この道の脇の生き物たちを自然に観察し続けることになった。結局ホワイトの言っていた、「最もよく調べたところが最も多様な生き物たちを見せる」という言葉の示す意味を探る道に入り込んでいたと言えばよいであろう。

　この草むらの土壌は砂地である。そこに大きく育ったヤナギの林があり、この道はその林の下流側の丁度端っこに位置している。つまり河原の林の林縁部にあり、その下流側は小さな木がまばらに生える草原になっていた。そんな河原の近くに引っ越ししてきてから 30 年くらいになる。初めはずっと下流部の岸辺に沿って歩いていたが、最後にこの林縁部に行きついたのである。

　この道のすぐ右脇に大きなエノキが 2 本あって、柳林の縁で

目立っていた。この絵の左にちょっと外れたところに小さな池というより水たまりがあり、小さな木々に囲まれた沼のような雰囲気を醸し出していた。そして、川の本流の水位に左右されて池は大きくなったり小さくなったりする。カワセミがピーッと鳴いてよくやって来るし、うんと小さい池なのにアオサギまでやって来る。そんな林、草むら、池が狭い場所にギュッと押し込められたようなところを毎日通ったのである。

　行きも帰りもこの道を通るので、見ようとしなくてもいろいろのものが目に入る。ヤマセミの観察の行き帰りに、ついでにこの道の脇の生き物も観察することになる。大きなエノキに集まるもの、沼地から出てくるもの、皆この草地を利用する。この絵からでも感じられるだろう、草地はそんなに広くない。生き物を見ると言ってもそれは殆どがこの 30 メートル四方である。それに事情によっては、この絵の先に幅はそのままに更に 30 メートル観察範囲を伸ばした。結局 30 × 60 メートルが観察範囲になった。その一番先の端にセンダンの木が一本あり、その幹を背もたれにしてこの草むらを逆の方から見ることもあった。そこに座れば彼らを逆光で、この絵の手前に座れば順光に照らされた生き物たちの姿を見ることになり、光の変化をそのたびに感じ楽しんだ。今説明した長方形の観察範囲の入り口が A 地点、奥のセンダンの木のある所が B 地点としていた。

　これは楽しいからやっていたことで、観察範囲もたまたま生き物たちに反応しているうちに自然にできたものである。決して実験しようとしたのではない。A 地点側の端はコンクリート・ブロック張りの法面になっていて、大抵はそこに座るのである。何がなくてもそこにじっと座る。ついでに見ている内

に、目の届く狭い範囲の環境に生きる生き物たちが嫌でも私に語り掛ける。ほっておけば、それら一つ一つのつぶやきのような営みはすぐに消えて行ってしまう。そこで、それらの様子の一部をここにぜひとも書きとどめておかないといけないと思ったのである。

　第1章で無手勝流と言ったが、本当は何の技があるわけでなく、できるだけ気配を消すよう努めること、人間が抱く何かを探そうとする強い意識を消すようにすることに尽きる。ただじっと座るのである。じっと座るといっても、何も石のようになっているわけではない。普通に手は動かし足を時に延ばしたりしてぼんやりしているだけである。それに、自分の身を隠すようなものは使ったことはない。だから、布製のテント、つまりハイドも使わない。それでも、10分か長くて30分もしないうちに彼らの内の誰かが動くのが見えてくる。それで十分なのである。

　シカでさえ目の前にヌーッと出てきたし、チョウゲンボウも頭上の枝で翼を繕い、時々すぐ脇に下りてきて、爪が地面の石にあたってカリッと音を立てたあの場面は忘れられないのだ。

　そんなごくごく狭いところの生き物に親しみ家に帰ると記録用紙に細かにその日の出来事を書いた。そこから取り出したある日の経験をごく短い物語風の文章にしたものを次に紹介しよう。

　これらの文章も、実は私が全く独自に書き始めたとは言えないだろう。人様がきっかけを与えてくれたのだ。ある日、雑誌

の編集長、平木久恵さんから電話があり、新しい雑誌を始めるので、その自然についてのコーナーを担当してくれということであった。広島県を中心にした地域に特化した雑誌であるらしい。それを聞いて私は、太田川、そしてその河原のこの道に焦点を絞り、その脇で観察した生き物たちの様子を紹介したら的外れにはならないだろうと思い引き受けたのである。

　普通、人は河原などには何もないと言ってしまうのであるが、そうでもないこと、もっと振り返っても十分意味のあるものだと信じていたので、よい機会であった。しかし、こんな狭いところの自然の有様に自ら題材を限ったが、大丈夫かと少しの不安もあった。何しろ2ページ大の写真はそれなりに人に訴えるところがないと始まらない。この雑誌は季刊で年に4回出るが、その写真は、季節に合うような画像にするとなると少なくとも1年前には用意ができていないといけない。現在持っている画像よりさらに良いものにしようと私は年中油断なく構えることになり、結局はさらによく注意して観察することになった。

　とはいえ、楽しんでいたことに違いない。私の場合は観察の面積を極端に絞り込んで充足していたのである。

　この河原は、いわば広島という「町」の中の「田舎」なのだ。これまで私は、広島市内の街なかに残された「田舎」、次に西中国山地の小さな村で「田舎」を味わってきた。それをこの太田川の河原でもっと凝縮した形でじっくり体験してきたと言えばよいだろう。

　この風光明媚でも何でもない田舎で、意外にもたくさんのも

のたちに次々と出会うことになり、それは驚きであり喜びであった。

　これまでの書きぶりから、観察の鳥類目録というものは私にはちょっと似合わないかもしれないが、河原を歩き出してから私の見た生き物を鳥に絞って敢えて数えてみると、この観察地から川下にかけ約2キロの間で、143種になる。2007年の集計から7種類増えている（私の、『あるナチュラリストのロマンス』を参照）。

　ここでは、観察面積を絞ったところの16種類の生き物（うち3種類は植物）から選んで紹介しようと思う。ただ1種類ルリビタキだけは私の観察地点（A地点）から約100メートル川上の林のなかのものである。その他は正真正銘この道を挟んだ30メートル×60メートルばかりの範囲内で出会い親しく付き合った生き物たちである。それぞれの世界が狭い空間を飛び交い入り混じった。

　この章で紹介する記録は、雑誌の連載に基づいている。雑誌の名前は、『Grande ひろしま』で現在35号を数える。その内容は2013年から2021年までのものであるが、データとしては2003年からのものを含む。この連載を通じて、人間が不用意に手を入れないでいれば、河原の自然はどのような状態になるか、その雑誌を読む人にそれとなく感じ続けてもらえるようになればと願いながら書いたものである。


　特に、河原に自然にできた河畔林が、ごく小さな遊水池のようになり、かなり長い間そのままの状態が維持された場合その河畔林はどのような形で生き物たちの棲息にかかわるかについ

て多少の見解を述べたものになったと思っている。

　掲載予定のものを含め、写真につけた文章は字数が1000字内と依頼されていた。連載ではその字数を厳守したが、かなり窮屈だったので、この際、少しゆったりとその物語の時点の状況を語り、観察した年月なども添え、更に生き物の観察について私が普段抱いている思いも書き加えた。文章の利用については編集者の許しも得ている。

　紹介する生き物は、便宜上五つのグループに分けた。1．年中この河原にいる鳥たち、2．春・秋の鳥たち、3．この河原で冬を越すものたち、4．昆虫、5．獣　の五つ、それに別格として植物のグループを一つ付け足すことにした。

## 2　年中この河原にいる鳥たち

　年中いるものの内、本当にいつも私の近くに忍び寄り私を観察する鳥、ホオジロから始めよう。

### ホオジロが見得を切る

　ホオジロの雄も、自分の縄張りを守るためにわざわざ相手に迫り、「雄」としての役割を演じる時があるようだ。実は、この見得を切る直前までつがいの雌は雄に付き添っていたのである。

　私は冬の間も水際の定点に座り、絵（Ⅵの②）の雄とはずっと隣り合わせ、いわば顔見知りであった。顔見知りと言っても、私は別の鳥、ヤマセミの観察を続けていた。数年どころ

か、もっと長く太田川の観察定点に出て石を積んだ腰掛けに座っている。一方この雄はこの年私の後ろ 3 メートルばかりのところに生えた小さなモモの木を見張り場にしだした。私が河原に出ていき腰掛けに座ると、彼もその木に上がった。つまり彼はずっと私と張り合っていたのである。

　もちろん、冬の間彼はチチチッくらいの声を出すだけであったが、3 月に入ると、チッチョ、チッチョリのようにちょっと長いフレーズになり、3 月後半になると、チッチョ、チッチロ、チッチ、チリリと聞き取れるようになった。さえずりが完成に近づいていた。

　3 月 16 日の朝、別の目的があった私は、いつもの観察地点をちょっと離れた草むら（B 地点）に座り、その雄のことは全く忘れて彼には背中を向けていた。私はハイド（布製の小さなテント）で身を隠しているわけではない。それでも彼の方は自分のテリトリー内だから縄張りを主張せざるをえなかったようである。彼のテリトリーというのは、林の開けたところを選ぶいつもの行動から見て、約 140 メートル× 70 メートルである。

　彼はいつものモモの木にいる。私は少し川岸を離れ B 地点に座った。そこから先の絵（Ⅵの②）の出発点、A 地点の方を見ているのである。彼はその出発点に近いところまでモモの木からわざわざ回り込んだ。つまり私の正面に雄と雌がそろって並んだのである。どのように見てもこれは不自然でぎこちない振る舞いである。2 羽は自己主張する以外何もすることがないのだ。ノイバラの枝や葉っぱをちょんちょんと突っついてみたりする行動は真剣みにかけるので可笑しかった。

　雄はやがて雌とは別行動をとり地面に下りると、この短い芝

生のような草むらをピョンピョンと跳びながら真っすぐ私の方にやってきた。そしてたまたまその草地にあったアメリカセンダングサの切り株にぴょんと上がり、ちょっとの間私を見つめた。「どうだ」と言わんばかりに胸を張った後、くるりと背を向けてしまったのである。

Ⅵの②　ホオジロが見得を切る（2017.3.16）

　少し翼を開き気味にし、背中の赤みがかった茶色を見せつけるというのか、そのままの姿勢で、ちらちらと私を見ながら約4分間じっとしていた。何も逃げ込むところもない開けた場所だから、これはとても長い挑戦の時間であったに違いない。後で距離を測ったら、私からその切り株までちょうど7メートルであった。

　彼は何とかして私を追い払いたいのである。私が何もしないので拍子抜けしたのか、またチョンチョンと遠ざかっていった。数日すると、雌が腰掛け石から約40メートルの草むらに出入りしだしたのである。折り合いをつけてくれたらしく、彼らは巣作りを始めたようだった。

　この絵の場面を経験してから私はヤマセミの観察が忙しくなり、このホオジロのつがいはしばらく忘れていた。3月26日になって朝早く腰掛け石に座ってみると、目の前10メートルくらいのところに巣を作ったようであった。彼らが私を追い出そうとした理由がやっと分かった気がしたのである。それだけ、我々は心を配る必要があるというわけだ。

　毎年こんなことが起こる。それぐらい彼らホオジロは河原では最もなじみの深い小鳥と言ってよいだろう。この絵（Ⅵの②）の元になった写真は道の絵（Ⅵの①）の入り口から約60メートルまっすぐ水際の方に進んだところ、B地点に座り、朝の逆光線を浴びる雄の姿をゆっくり見ながら撮影したものである。撮影は2017年3月16日の朝であった。2羽での芝居は8時2分から約1分間。雄が見得を切ったのは、8時4分から8時8分までである。文章そのものは、『Grande ひろしま』の原稿に加筆した。


　次の小鳥も身近なものだが、じっくりとその姿を見る機会の少ないウグイスである。

**ウグイスはノイバラのなか**
　ウグイスはすばしこい。それに体の色が渋い緑だから茂みの

中でも目立たずなかなか見つけにくい。だからしっかり見る機会はあまりない。気長に茂みから出てくるのを待つことになる。どこで待つかはその人次第である。太田川の河原にある私の観察地にはウグイスお好みの笹の茂みがなく、代わりにあるのはノイバラの群落である。点在している群落をたどりながら、彼は生活していた。

冬の間チャッ、チャッと鳴きながらこのウグイスはノイバラからほとんど離れないように見えた。外に出るのは、本流の水際で水浴びをするときくらいである。何故か水際に座っている私の約2メートル前までやってきてよく水浴びをした。草の陰になるから姿は見えないのだが、ピチャ、ピチャという音はするので、私はその様子をいつも想像した。終わると草の陰から身を乗り出し、ちらっと私の様子を確かめてからノイバラの茂みに帰る。お互いに邪魔をしない。これは了解事項のようになっていたと私は勝手に理解した。

それだけでなく、もう少しでいいから彼のことを知りたかったので、お好みの茂みが見渡せるところまで移動して観察することにした。移動すると言っても、先に説明した30 × 60メートルの長方形の一番川より、ホオジロの観察をしたのと同じB地点である。そこのセンダンの木の幹を背にして草むらに座った。木化けした気分になって朝早くから座った。3月24日のことである。

私の姿は彼には丸見えなので、慣れてもらうために、毎日同じところに座り自然の一部のように振舞っていると、そのうち彼は平気でうろうろしだした。

それにしても、こんな鋭いトゲの茂みの中で過ごすなど驚き

である。まことに頑丈な檻のような棲み処は、安全この上ない
ように見えるが、その冬、油断ならない鳥と獣がその茂みに同
居していたのだ。

Ⅵの③　ノイバラの茂みから出ようとするウグイス（2017.3.24）

　モズのつがいがこの絵の場面からほんの 10 メートルばかり
のところに巣を構えていて、すでに餌を巣に運び始めている。
いつそのモズがこのウグイスを襲わないとも限らない。しか
し、もっと危なそうなのはテンであった。彼もこの群落を利用
していて、その出入口はこのウグイスが覗いているところのす
ぐ下約 50 センチのところにあり、昼間でも時々その穴から顔
を出すのだ。
　ただ、ウグイスはいつものようにグイッと身を低くして辺り
に目を配ると、この絡まったツタの隙間からスルッと飛び出し
隣のノイバラの群落に移る。何の造作もない。

冬中その群落で過ごし、そのままそこで繁殖にかかるのだろうと思ったが、数日間エノキの若葉の間で囀った後姿を消した。その周辺の連中もいなくなった。ところが、次の年には、この群落を中心に、3羽の雄が囀り合戦を演じ続けたのだからウグイスたちの事情もさまざまである。その冬から春にかけてテンが出没しなかったのも一つの理由かもしれない。河原の様子も年によって変わる。その変化は造化の流れの一部に違いない。

　ただその大きなうねりに捉われていたり、理論化にこだわったりすると道を誤ってしまうかもしれない。個別の生き物の生命の輝き、その体の表情の多様な色合いに感動する心持を忘れたくないのだ。彼らは我々と同じ生き物であることを、言葉だけでなく身をもって感じられるか、その心の柔軟さが求められると言うべきであろう。

　この日座っていたのは、B地点のセンダンの木の脇だ。そこはヤナギの林にぽっかり空間があり、ノイバラを中心に低い空間を飛ぶモズ、アオジ、ホオジロなどはもちろん、上空のハヤブサまで視野の中に入る。私自身の動きをうんと制限しながら、生き物たちの世界の広がりを実感できるのである。

　絵の元になる写真の撮影は2017年3月24日、朝7時26分。逆光気味になる場所だが、ノイバラの群落は土手の陰になり直接日の光が当たらず、間接的に回り込んだ穏やかな光を受けていた。この文章は『Grande ひろしま』の原稿に加筆したものである。


　次の鳥は、小鳥たちを襲うこともある鳥、嘴だって猛禽類の

ように先がかぎ状である。

**黒い眼帯をしたモズ**

　このモズのつがいも私のなじみのものに違いない。いつもの観察地点から離れ柳林のなかを上流に向け歩いていると、よくついてくる。スイーと大きな波を打つように木の枝から隣の木まで飛び移る。そしてある地点で彼は戻っていく。彼の飛ぶルートは明るい水際か、ずっと陸地側の林縁部である。どちらかをたどって、先の「道の絵」のところまで戻り、その後は巣に入るか、ずっと川下に飛ぶかのどちらかである。

　テリトリーは川上側約100メートル。川下側も約100メートル。幅は70メートルほどで、ずいぶん広そうであるが、ここの草原の土地は、あまり肥沃ではなく、それだけ食べるものも少ないのだろう。競争する相手もいないのである。

　比較のためずっと川下約3キロ地点の河原に棲むモズたちの

Ⅵの④　静かに地面を見つめるモズの雄（2017.3.16）

記録を見てみよう。そこは広々とした肥沃な草原が広がり、ヒガンバナがびっしり生えている。ヤナギもあるが、とても明るい雰囲気でモズお好みの環境らしい。その草原を取り囲むように茂る柳林には、50メートルごとにつがいがいるほど密集していた。しかし、私の観察地のつがいは、幸か不幸か広い河原を独占しているのである。

この日は、私はB地点に座っていた。静かに彼は川上側から帰ってきた。彼らは何もなければ鳴かない。私に付きまとっている時も鳴かない。鳴くのは、私が河原にやってきて、あの絵（Ⅵの①）の道に入ろうかとしている時だ。その時離れたところにいても、人の動きを察知して警告しているのである。気分が高まっていれば、一番高い木の先まで出てこちらに向かいキー、キー、キチ、キチ、キチと鳴く。それ以外は、草むらを薙ぐように音もなく飛ぶので、注意していないと、見損なうのである。

3月も10日辺りになると、雄と雌の結びつきの強さが目立ちだす。私が河川敷のすぐ上のコンクリート歩道を川下に向かって歩いていると、私と並行して雌がスイーッと木から木へ飛ぶ、それを守るように雄が近くの木の枝に移る。雌が、また川上に向かって戻っていくと、雄は高い木に上がりキョン、キョンと鳴きだす。雄は何をするわけでもないが、雌に付き添って守っているとみるべきであろう。

また何日か経ったある日、私はB地点に座っていた。陸側の土手沿いに雄は下ってき、いつも私の座るA地点のすぐ目の前のエノキの下枝に止まった。3月16日の朝である。うっすらとさす日の光を背後から受け、羽毛がキラキラと輝く。

時々彼は枝からポトンと落ちるように地面に下りまた元の枝に戻る。同じようなことをしていたチョウゲンボウの姿が重なる。地面で何か餌になるものが動くのを待っているらしい。そして時に巣の方に餌を運ぶ。

　3 月 22 日には、雌に餌を渡していた。その時は雌が巣の上の茂みを覆うつる草の上に上がっていた。雄がやって来るのを見ると雌は翼を小刻みに打ち震わせ歓迎する、あるいは甘える様子をした。帰った雄はさっと餌を渡してまた飛んでいった。これは巣を守る雌にプレゼントをした行動であるとするかどうかは置くとして、順調に子育ては進行しているようであった。

　次に、一つのモズの巣をお示ししよう。先に語った過密地帯の巣の一つで、雛が育っていった後、あまりに美しいので写真を撮っておいたものである。この巣は河原に作られた野球のグラウンドの外野ポジションから約 50 メートルのところにあっ

Ⅵの⑤　とても目立つモズの巣（2003.4.6）

たもので、まったく無防備な様子でノイバラの茂みの上に作られていた。それほどに、彼らにとって居心地の良い川沿いの疎林だったのである。

　この巣の絵の元になる写真は、2003年4月6日の撮影。ここではこの時期には巣立つのである。先の雄の写真（Ⅵの④）の方は、2017年3月16日、朝7時45分の撮影。この文章は新たに書いたものである。


　この項の最後に、エナガを挙げることにした。先の3種は主に低い茂みなどでよく見かけるが、このエナガは、まったく別格。高い木から背の低い茂みの中まで自由に動き回る。

**小さく快活なエナガ**

　冬枯れの野にエナガが1羽。気がついたら目の前にいた。しかしじっとはしていない。止まったと思ったら、この太い草の茎を左の足はしっかりと握っているが、右の足はもう離れていて、ジュリジュリと鳴いて飛びたった。私はエナガの群れに囲まれていたのである。

　その時、1月28日の夕方近く、私は河原のいつもの小さなモモの木の脇にある観察地点、腰掛け石に座っていた。彼らは河原に出てきてこの河原のずっと下手まで行き、ぐるりと回って川上に向け今帰っていく。というのは、もう夕方4時を過ぎている。冬の最中だからもう山に帰る時刻に違いない。その群れはジュリジュリと鳴き交わしながら、通り過ぎていった。彼らの通り道はほぼ決まっていて、山から朝遅くなって下りてくると、先から語っているA地点を通り川下に向かう。そして

VIの⑥　軽々と飛び回るエナガ（2003.1.28）

河原の小さい木々を辿り河原をぐるりと巡ってまた山に帰る。まだ確かめてはいないが、私の印象では1日に2度くらい山から下りてくる可能性もある。

　彼らはかなり大きな群れを成して河原にやって来る。エナガが約20羽、メジロが約10羽、それにシジュウカラが大抵2羽（雄と雌の2羽のことが多い）、それにコゲラが1羽混じることもある。この群れを先導しているのがエナガなのだ。木のてっぺんから地面近くまで上ったり下りたり全く自由闊達である。ヤ

179

ナギの木の芽の周りを探ったり、枝にまとわりついた小さなご
みの塊を覗いたり実に忙しく動き回る。

　人がいてもお構いなく、あまり鳴かないで動き回ることが多
いので、少し離れると何かがチラチラと動いているくらいにし
か感じられない。そのうちメジロがチーチーと鳴きながらやっ
て来るので、その声とエナガの声が混じり、ああ、彼らの群れ
だと気づくことが多い。シジュウカラの声は大きくよく響く
が、意外とエナガのジュリジュリはこの群れの主調音をなして
いて、耳に残る。

　河原には何もいないと思っても少し待っていると、遠くから
このジュリジュリが聞こえてくる。小さい体で、体長は13セ
ンチばかり。そのほぼ半分は尻尾だからどれだけ小さいか分か
るだろう。これだけ小さいのに、群れをリードしてくるのだ。
ハイタカなど猛禽類が近くに現れると、一斉に鳴きたてる。そ
れで、我々もタカなどに気づく。結果として猛禽類に対する柔
らかい警報装置の役割を果たしているのである。小さいが大き
な存在で、群れを先導しているのもうなずけるというものだ。

　彼らは水浴びが大好きだ。朝来るとすぐA地点のすぐ脇の
沼にみんなで下りて水浴び。帰りも、この河原の本流の水際を
通りながら、適当な場所があればまた下りてくる。浅い水辺を
小さな茂みが傘のように覆っているようなところなら、すぐそ
ばに私がいても躊躇せず下りる。つられてメジロもシジュウカ
ラも下りてくるのである。冬の河原を活気づけてくれる連中の
先導をしているエナガたちである。川沿いの柳林と草原がつく
りだすこの環境は重要な生活空間なのだ。

　絵（Ⅵの⑥）の元になる写真は、少し古い。こんな撮影の

チャンスはあまりないのだ。羽毛を丸くふくらませたこのエナガは夕暮れ間近の柔らかい日の光を受けて通り過ぎていった。

## 3　春と秋の鳥たち

　春と秋にこの河原を訪れる鳥たちも数えれば沢山になるが、ここでは2種類だけ紹介することにしよう。今回はたまたま秋の話題だけになった。

### ノビタキが来た

　この秋もノビタキがやってきた。草むらにはツユクサが咲き残り、カナムグラも実をつけたその長い蔓を伸ばしている。彼らは、数羽の群れを作ってこの日も近づいてきた。私は、いつも座るA地点のコンクリート・ブロックにじっとしていた。だから少し草むらを見下ろすような位置を占めている。しかし、見下ろされてもこの個体は少しも恐れず、すぐ側までくるので私は実はちょっとあきれていた。

　こんなに物おじしない個体も珍しい。10月に入ってすぐ、彼らはこの太田川の河原にかなりの数が滞留していた。春は長居をしないが、繁殖地、例えば信州の高原地帯などにある草原まで行って夏を過ごし、南の国へ渡る秋には少し長めに留まってくれる。

　ノビタキと呼ばれるくらいで、野に棲むヒタキに違いない。動作は機敏で軽快そのもの。草の頂に止まってピクピクと尾を小刻みに振っていたかと思うと、パッと飛び上がって虫を捕らえ、宙返りのように身をひるがえして元の枝に戻る。

Ⅵの⑦　草むらを飛び回るノビタキ（2012.10.4）

ノビタキはスズメより少し小さいが、図鑑で調べると翼の長さはほぼ同じだ。それだけでも飛ぶには有利なのに、体重はスズメの平均が 25 グラム、ノビタキは平均 15 グラムだから、比べ物にならないくらいノビタキの動きが素早いわけである。

こんな好都合に折れ曲がった草の茎があったものだ。とても気に入ったのか飛び立ってはすぐに戻る。この陽だまりになる A 地点の草むらは私のお気に入りなのだが、こいつにとってもとても良いところのようだった。

お好みの草に戻ったのでじっくり見た。地味な鳥に違いないが、その羽毛の透明感のある色彩には驚く。この個体は胸から腹にかけて、淡いコーラルピンク（桃色サンゴ）とでも言うべき色を帯び、なんと美しい生き物かと見直してしまった。

羽毛の色だけでなく声も印象深いのだ。ある年の 10 月末、私は夕方遅く河原を歩いていた。その時も、目の届く範囲に 16 羽はいて、飛びながら盛んにジッ、ジッ、ジッと鳴く。いつもの声だ。その声を聴くと私はどうしても英名、stonechat

を思い出してしまう。元々は stonechatterer<sup>注</sup>（石とぺちゃく
ちゃおしゃべりを合わせた単語）で、石をこすり合わせたときに
出る音に似ているので付けた名前らしい。英国のずっと西の果
てにある小さな島の草原で聞いたノビタキの声が印象深く、こ
の英名がまず先に出てきてしまうのだ。

　このⅥの⑦の絵の元になった写真より数年前のことだ。日本
名のノビタキは文字通り草原のヒタキであり何も不満はない
が、英名も捨てがたいとぼんやり考えながら見ていると、一声
だけフィロフィロフィロフィロ…と柔らかいフルートの音色の
ような声が混じった。この河原ではありえない美しい声であ
る。暖かい日で、囀りたい気分になっていたのだろう。もう薄
暗くて姿を追うことはできなかったが、草原のずっと向こうに
その声は吸い込まれていった。この広島の河原では、夏鳥の麗
しい鳴き声を聞く機会は本当に少ないのである。貴重な体験で
あった。

　この絵の元の写真は、2012 年 10 月 4 日朝 6 時 46 分、A 地
点で撮影したもの。まだそこには日が射さず、こいつは柔らか
い光に包まれていた。文章は『Grande ひろしま』の原稿に加
筆した。

　　注：W.B.Lockwood, *The Oxford Book of British Bird Names* が 説 明 し て い
　　　る。この呼び名は Pennant が採用したもので、結局現代では、昔からの呼
　　　び名、Stonechat で落ち着いている。

　この一連のエッセイは河原のごく狭い場所の主に鳥たちに関
するものである。その狭い場所によくぞ来たなという旅鳥（日
本を通過するだけで、秋に目にする機会が多い）に触れることに
しよう。

## エゾビタキが来た

このエゾビタキが目の前にひょいと出てきたとき、私はただ驚いていた。この太田川の川辺を歩きだして約30年になるが、これまで一度も経験したことがなかったのだ。もちろん河原というところに木々はなく、林も殆ど残されていないのが普通で、森の鳥と思われているこの鳥がここの河原のこの場所に出てくるというのは少し不自然なのだ。

しかし、私が座るA地点のそばにはヤナギの林がある。そこは林縁部である。すでに述べたように、道を作ってしまい、ごく自然にその道の入り口に座りだした。結果として彼らに出会う可能性が高まったというわけである。

エゾビタキは出てくると、妙に人間の近くに寄ってくる印象がある。この時は高いヤナギの木から垂れている細いつたにつかまり、いつものようにちゃんと立った姿勢をしてじっと私を見ていた。近くのヤナギの高いところにはコサメビタキがあちこちする。秋の渡り鳥たちが多い時はこんな具合である。私も見られるだけでなく、この機会を利用して、レンズ越しにしっかりと見守った。10月3日の朝のことである。

なんといっても翼の長いことは驚くほどで、その長さは山階図鑑（『日本の鳥類と其生態』）によれば平均で8.6センチ、近くの草原を飛び回るノビタキは平均7センチだから、その飛び方のダイナミックな様子は圧倒的と言うべきであろう。エゾビタキは草むらに滅多に下りたりしないけれど、一度下りてきてオナモミの実に止まった時など、周りのノビタキたちはずいぶんと遠慮がちであった。ともかく人もあまり恐れず動きは自在でひとり目立つのである。

とはいえ、こんなに賑わいを見せるのはやはり珍しい。近頃は第2章で紹介したような現象は昔語りになりそうである。最近の例を挙げてみよう。

この太田川への出現と同じころ、私は西中国山地にある山小屋（既に第5章でふれたもの）に出かけた。その小屋の近くの川沿いに太いイヌザンショウの木があるのは知っていた。その木にエゾビタキたちが群がっており、オオルリの若鳥まで混じっていた（2012年）。こんなことはそこでは初めてで、その後も出くわしたことがない。そこで、その年はエゾビタキたちがたくさん日本を通過したと思うことにした。私の県内での経験では渡りをするヒタキ類は年により多い少ないがあるようだ。

Ⅵの⑧　私を観察しに来るエゾビタキ（2012.10.3）

他の例を挙げれば、それより数年前、私は友達から頼まれた広島県坂町の鳥類調査の手伝いをした。この時、初めの2年はヒタキ類の記録が非常に少なく、最後の3年目の秋（2006年）にやっと沢山のエゾビタキ、サメビタキ、コサメビタキが目の前に現れた。そこは海に面した高い尾根の先端で、我々が「旅立ちの木」と命名したコナラの木から、それぞれのやり方で海に、というのは、西に向かって飛び出していく様を見送ったの

であった。この絵のエゾビタキにとっても、川を渡る前に一時とどまる林だったのだろう。

　この絵の元の写真は 2012 年 10 月 3 日の朝 7 時 43 分に撮影したもの。勿論、太田川の私の観察地のもの、A 地点の脇、日の光が土手を超え直接エゾビタキを照らし出したところである。

## 4　この河原で冬を越すものたち

　ここの河原で冬に出会いその姿をじっと見守った鳥たちは多いが、そのうちの 3 種を取り上げて見よう。

### チョウゲンボウと遊ぶ

　太田川の川辺はすでに春の日差しに満たされていた。風もなかった。実はその冬、チョウゲンボウが 1 羽この川沿いにとどまっていた。冬中ずっとこの辺りにいるのは珍しいことであった。

　このチョウゲンボウは私の正面の枝に止まり時々飛び立ちはするが、すぐに元の枝に戻っていた。川沿いの土手の道路には自動車がたくさん通る。ただ時々ぱたっと車がいなくなる。私の座っている A 地点は川床に近いので外界の音は届きにくく、辺りから音が消えてしまう時間が生まれる。すると、私はまるで音のない世界の中でそのチョウゲンボウと向かい合っているような気分になるのであった。その日、私はこの鳥と十分に遊んだ。

　前方のヤナギの枝にこのチョウゲンボウという小型のタカは

いた。私の座る A 地点の丁度 30 メートル先だ。この年の 1 月に入った頃、川向うに住む友人から雄のチョウゲンボウが来ていると聞いたが、こちらの岸には 3 月も中旬になってやってきたのだ。もうそろそろ北の繁殖地に帰ろうという頃である。

　チョウゲンボウは、草の広がる地面や畑の上空でヒラヒラ浮かんでいるのをよく見る。風をうまく利用して羽ばたき空中にヘリコプターのように停止できるのだ。とはいえ、木に止まって餌を捕れれば、そんないいことはないであろう。

　私の前方左側には雑然とした草地が広がっている。そして右側は柳の樹林である。その草地と樹林の境目にこの柳はあり、そんな木はこのチョウゲンボウにとても居心地のいい場所になることは予想できた。後はどうしてこの鳥に目の前の木に来てもらうかである。

Ⅵの⑨　のんびり過ごすチョウゲンボウ（2012.3.28）

彼らは地面を見張るのに都合の良い高い木をよく利用する。地面にいる昆虫、小動物を狙っているのだ。それで私はいつもの通りＡ地点に座ることにした。座っていても私は人間だ。猛禽類がやすやすと人に近づきそうにないとは思いながら、そこの風景の一部になるようにじっと座った。初め、彼は約100メートル川下側をウロウロしていた。しかし、その目はしっかりとこの木を見ていると確信した。

　試し始めた３月18日、彼は約100メートル川下側にいて、そこからあちこち飛び回っていた。このヤナギの林には近づかず、遠巻きに飛んでいる様子だった。私は、知らん顔をして同じ場所にじっと座っていた。

　翌日には、問題の目の前のヤナギの木の１本を時々使うようになったが、向こう向きだからいつでも逃げられるようにしているらしかった。21日にはもう少し近づいて横向きに止まるまでになった。こんなことをしながら10日目を迎え、３月28日になると、まるで警戒心が消えたかのように振舞いだした。彼は私の真正面にある同じ枝ばかりを使い始め、時々は、私の約２メートル脇に下りて来るではないか。そのたびに爪が地面にあたってカリッと音がする。

　なんていうことだと思った。野生のチョウゲンボウが全く警戒心を解いている。猛禽類への私の緊張感をよそに、のびのびとそいつは目の前で過ごしている。人間を恐れない彼を私は尊敬するばかりであった。ただ、地面に下りて何を獲ったか知りたいのに我慢して、その時もただじっとしていた。彼の信頼感を損ないたくなかったのだ。

　そのうち、彼は朝の柔らかい日差しを全身に浴びて羽繕いを

しだし、まるでくつろいだ様子になった。私がもぞもぞ動いても気にしないのだ。彼はついに片足を胸元に引っ込めて片足のまま休みだしたではないか。私はほぼ1時間もそんなチョウゲンボウと向き合うことになった。こんな穏やかな時間をもたらしてくれたこの鳥とここの環境に私は溶け込むようにただ充足していた。しかし、次の日、3月29日にはいなくなった。彼は出発したようで姿はなかった。

　この絵の元になった写真は2012年3月28日に撮影したものである。文章は『Grandeひろしま』の原稿に加筆している。


　次はこのチョウゲンボウが止まっていた枝の下、私のA地点と呼ぶ場所の草むらで冬の間最もよく見かける鳥、アオジである。


**河原にも歌い手がいる**

　河原にいる何種類かの小鳥たちにもそれぞれ持ち味がある。私が歩くと彼らも草むらから出てくる。ただ、そこから先の行動に違いが出る。

　うんと近くまで覗きにくるのがホオジロ。一方この絵（Ⅵの⑩）のアオジはそんなに開けっぴろげではなく、ちょっと離れてじっとこちらを見ているだけで、すぐ近くまで寄ってくることはない。

　アオジたちは、冬を越しに主に東日本からやって来るようである。この河原ではノイバラの茂みをよく利用していて、シューッと飛んできてはその黄色味の強い緑の腹を見せながらノイバラの枝に止まると、振り返りじっとこちらの様子を見定

めてから茂みの中にスッと消える。

　普通そのチッ、チッ、チッというつぶやき（地鳴き）で彼らが近くの茂みにいるのを知ることになるだろう。その姿も冬時の声も目立たないが、その声は冬の季節に欠かせないものの一つだ。時には茂みの脇にたたずみ耳を傾けるのもいいだろう。

　実を言うと、冬場の河原で草むらにいる多くはこのアオジだと言ってもいいくらい私の周りにはいつも数羽の姿が見える。その姿を見たければ３月末にこの草むらを歩くことである。アオジはその時期とても数が増えるようで、足元の草むらからパラパラ飛び出して近くの木に止まると、逃げ去ったりせずじっとこちらの動きを目で追うことが多い。このじっと見る間合いが彼らの持ち味で、私は親しい知り合いに会ったような気分になり何時も思わず「アオジさん」と呼んでしまう。

Ⅵの⑩　ノイバラの枝にすっくと立ったアオジ（2018.2.27）

　繁殖地である信州などの森の中にはあちこちにぽっかりと光に満ちた空間があり、そんなところでは大抵彼らが囀っている。それを知っていると、アオジが湿った林に潜むさえない小鳥と片付けてしまうわけにはいかない。実際この絵のようにもう3月という時の日差しの中に平気で出てきて様子を伺ったりするのだ。

　太田川の河原では、4月が近づくと繁殖地に帰るのを待ちかねてか、囀り始めるものもいる。「チッ、チョッ、チチチロー、チョッ、リリリ」と聞きなす人もあるとおり、単純な音がかなり遅いテンポで繰り返され、訥々と語りかけるような調子だ。ただ、屈託のない雰囲気に満ちているうえに、側で聞くと小さな鈴の音が微妙に響き合って連続する趣があり、まだ肌寒い早朝の河原に立っているのを忘れ陶然と聞き入ってしまう。高い木々だけでなくその下の背の低い低木の数々がいかに重要かを知るべきである。

　試しに適当なところで待ってみると、運が良ければ目の前の枝先にチョンチョンと上がってきて喉の奥まで見せながら囀る。アオジはなかなかの歌い手なのである。

　絵の元になる写真は2018年2月27日、昼1時48分にB地点で撮影したものである。


　次に取り上げるルリビタキは13種類の鳥の中では唯一最初にあげた観察地面を外れるものである。例年ヤナギ林の約100メートル川上部分にやってき、そこからは下流部に下りてこない。ただ、冬に感動的な声を聞かせてくれた別格の例として紹介したいと思う。

## 冬空に響くルリビタキの囀り

　昔から、鳴禽と呼ばれる鳥がいる。このルリビタキもなかなかの鳴禽と私は思っている。速いピッチでピュロピュロ、ピーピロピーピロ…と、とろける様な柔らかい鳴き声なのである。ただ、私の経験では、この鳴き声は北アルプスなどの高山帯で耳にしたことがあるだけで、広島の河原で聞こえるとは到底思えない。しかも冬に私の観察地のヤナギ林に響いたのだから驚きであった。2019年12月12日、太田川の河原でのことである。

　その日の午後、私はいつもの観察場所を離れヤナギ林に入っていた。突然小さく柔らかいピュロピュロピュロ…がヤナギの梢を超えて空に広がった。初めはごく小さく控えめだったので、私には錯覚としか思えなかった。ただ、私はその声だけで何かずっと遠くの土地に迷い込んだようなまことにフワフワした気分になって天を仰いだのを覚えている。この冬場に、ともかくあり得ないことなのである。

　この変な気分を振り払おうと頭を振って正気に戻るように努めた。それは広島という土地の平地の冬に響く鳴き声ではない。とても麗しく優しい音色なのだ。例年その辺りには冬になるとルリビタキが出現するので、彼らがそこにいることは考えられた。幻でもなく、本当に生きているルリビタキの声であると自分に言い聞かせて、この耳で確かめることにとりかかった。そろりそろりと歩いてその声に近づいていった。鳴き声はある1本のそれほど大きくないクワの木から出ていた。近づくほどに声は大きくなる。信州の山でも経験することである。じっとしていればすぐ側でも鳴いてくれるのだ。

　その鳥は、高さ約4メートルの若いクワの木の中段で一心に鳴いていた。その木にはまだ大きな葉がたくさん残っていて、その姿はチラチラとしか見えないのだが、葉っぱの間から漏れる朝日に照らされながら、鳴き続ける。木の下まで行っても構わず囀った。まだ全身が瑠璃色になっていない若い雄のようである。なんということだ。私は興奮に身を震わせていたのである。

　この河原でなんという美声だ。確かに美声を持つ鳥は他にもいるが、このルリビタキの声は特別な節回しがあるわけでなく単純な音のつながりである。ただ、転がるような丸いやさしいその音色を、冬の河原で聞くなどまことに贅沢と言うしかない。あの高山地帯で経験する陽光あふれる雰囲気が辺りに満ちてくるのだ。ともかくこの広島の太田川の河原では驚くべき現象である。この日はたまたま天気もよく、風もなく、午後の2時で12℃まで気温は上がっていた。

Ⅵの⑪　いつものところに来たルリビタキ（2005.1.22）

　ルリビタキたちは人間をうまく利用する。冬の里山に入った時など、わざと林床の落ち葉を大きな音を立ててひっかくと、

近くにいればすぐ彼らは現れることを知っていたのだが、前の冬の個体もこの囀った個体とも私はうまく付き合えていない。それは、その近くに真っ赤な実をいっぱいつけたナナミノキと、これも栄養たっぷりな実をつけたアカメガシワの木が一本あるから人間に頼ることもないのだろうと思うことにした。

この絵の元の写真は2005年1月22日、午後2時12分に撮ったもの。今回囀りを聞いたすぐ側である。林の中なので日光が直接あたらず、北西の開けた空間から午後の光をたっぷり受けている。尻尾をプルプルと振ったのでその瑠璃色が一瞬きらめいた。

## 5　昆虫たち

鳥は終わり、ここからは同じ道の両脇、ごく狭い範囲の中で遭遇した昆虫たちの中から絞って3種だけを紹介してみよう。鳥の観察をしながら、河原に出る途中の道で様々な昆虫たちが目に入るので、自然に彼らも見守ることになった。有難いことに、この道のおかげでただ鳥だけを見るという、かなり偏ったとも言うべき自然へのかかわり方を修正されたのである。

### 乱舞するウラギンシジミ

秋の天気とでもいうのか、数日雨が続いていた。しかし前の日から天気は回復し、この朝も日が差した。もう9月も終わりに近い。その日差しにつられて私は何時ものように太田川の川辺にやってきた。河原の草むらには増水のせいでゴミがあちこち散らばっていて見苦しいと思いながらあたりの様子をうか

がった。

　石ころの河原に出てみたが肝心のヤマセミの気配がない。それで私はヤマセミの観察は後回しにして道の入り口に戻り、すでに説明した A 地点に座ることにした。そこでただボーッとしていたのである。何をする当てもなく、人間の気配を消すように振舞う意図もなくごく自然にボーッとして、道の周りの草むらに目を向けているだけだった。私はこんな風に時を過ごすのが好きなのである。

　そのぼんやりする時間は、10 分だったり 30 分だったりするが、何も起こらないことはなかった。ただそれが単純なものか、複雑に混ざりあうかの違いがあるだけである。

　その日 A 地点に座ったのは、前日見た光景を記録に残したかったのである。10 時 20 分、その地点はもう十分すぎるほど気温は上がっている。それにウラギンシジミたちは飛び回っていた。翅の表が赤っぽく、裏側は銀色なので陽の光を受けてその機敏な蝶はキラキラと目立つ。2 匹がもつれ合って追いかけ合い、それにもう 1 匹が加わる。こんな塊が 3 つも 4 つも入り乱れる。ただもう見とれるばかりであった。

　彼らは大きなエノキの脇に生えた数本の小さなクワの木の上を飛び回る。急上昇したりサーッと下りたり縦横無尽とはこのことである。高いエノキの半分くらいの高さのところだから、風もあたらず格好の舞台なのだ。どんなに勢いづいても、この A 地点を挟んだ幅約 30 メートルばかりの空間を殆どはみ出さないのは愉快である。それほどこの陽だまりは居心地が良いに違いないのだろうと思って見ていた。

クワの木の葉っぱに止まっては飛び出し、近くに来た仲間を
また狂ったように追いかけ回してから、また葉っぱに下りてく
るのだ。

VIの⑫　クワの葉に休むウラギンシジミ（2017.9.29）

　この陽だまりは、実は彼らだけのものではなかった。小さな
蝶コムラサキもやって来る、小さなクワの木の枯れた下枝には
リスアカネという小型の赤とんぼが止まっている。大きなエノ
キのてっぺん付近を巡って王様のようにゆったりと飛ぶのはギ
ンヤンマ。それにヤナギの木の先では、キーキーとモズが高い
声を出す。これはこの陽だまりの気温が十分高くなった頃合い
の光景であるが、見ている私は、もうこれ以上言うことはない
ではないかと思ってしまう。ヤナギの高木そしてエノキ、更に
中木としてのクワの木、さらにその下の草むらがつくる空間は
生き物にとって居心地の良い環境をもたらすのである。

　9月の28日から続いたこの蝶の乱舞は、天候の悪さであろう、29日で一時中断。雨がちの天候を縫って、10月20日まで時々規模をうんと絞って演じられていた。

　陽だまりと言えば日陰がある。この両極の環境がこの大きなエノキを境に目に見えるようになった。これは私にとってあまりに面白いことである。日陰の部分はエノキから柳林へとずっと続く。単純化してみると、大型の黒っぽい蝶であるクロコノマチョウがその日陰の部分で活動し、日向の部分ではウラギンシジミが乱舞している。いつもの道をわずかにそれて気づいたのである。実は、このクロコノマチョウの存在がなかったら、私自身エノキの南の明るいところとその北側の林の薄暗い部分を明瞭に意識することもなかったのだ。

　このクロコノマチョウは大きなエノキの根元から北側の薄暗いところにいる。ここに取り上げたウラギンシジミの乱舞する明るい空間と背中合わせの林の中がクロコノマチョウの生活場所だ。勿論その蝶の食草も関係するだろうが、この2種がその木の両側を棲み分けている。これはびっくりするくらい見事な光景である。こんなに狭いところ（観察場所）にこれほど生き物が整然と集中していることに感動するのである。

　この絵（Ⅵの⑫）の元になる写真は、2017年9月29日朝10時21分に撮影したものである。条件さえ整えば、秋の日差しを受けて、この時期小さな生き物たちの命は燃え上がりここの空間を満たすのである。

次の昆虫はリスアカネと呼ばれる赤トンボである。これは私の観察地のＡ地点脇で生まれ、生活し、子孫を残すものたちの一つ、ここの草むらの主（あるじ）といってもよい生き物である。本当に偶然に作ってしまった私の観察地点にいたのである。そこが陽だまりになり、生き物たちが集まる場所になっているなど誰が予想したであろう。

## 静かな赤とんぼ

そこはヤナギの樹林の端っこにあたり、２本の高いエノキがある。そこにすでに述べたように小さな草地があり、その真ん中を通って鳥の観察地点に出る私は、自然に草地全体を見渡すことになる。

草地はおよそ30メートル×30メートルほどの広さだから、広すぎもせず狭すぎもせず一度に見渡せる丁度良い空間である。季節ごとにその時々の生き物を目にすることになった。

この絵（Ⅵの⑬）のトンボはこの河原では10月に入るころ急に目につき始める小型のもので、リスアカネという。その名前を教えてくれたベテランは、子供のころ山奥の沼地で採集しとても嬉しかったという。山奥の沼地とこの大きな河原にある水たまりとでは隔たりがあるが、ここの水たまりは長さ20メートル×５メートルばかりの沼地と言ってもよい。

数年も前の大増水でこの河原そのものが大木を除いて何もない砂原になり、水たまりはむき出しになってしまった。しかし、今ではこの水たまりも高さ４メートルくらいの木々に囲まれ、このリスアカネ好みの閉鎖的な沼地の気配を取り戻したようである。いつのまにか彼らは元のような活動をしだした。

　ただ、夕焼け空にヒラヒラ飛ぶ赤トンボとは違い、このリスアカネは空高く飛ぶところを見たことがない。ここの草むらから離れることもなくじっと静かにしている。大抵は、6メートルくらいの間隔をとり、草の茎の先とか、木の枯れ枝の先に止まって点々と並ぶ。

　問題のエノキは、リスアカネたちの繁殖の場である水たまりの北約40メートルのところに生えていて、仮にこの環境を一つの田舎家に見立ててみると、その水たまりは庭の池、エノキの下の草地は家の座敷の縁側である。リスアカネの雄はさしずめその家の主だ。ただ静かに縁側に寝そべって休んでいる図を思い描いてしまう。

Ⅵの⑬　朝の光を浴びるリスアカネ（2015.10.13）

　彼らは余分なものは持たず、好みの止まり場所は守り通すが、無駄な争いはせず、日向の同じところに止まり何もしない。雌を待っているらしいのだ。一度試してみたら5時間たってもどこにもいかなかった。

2本のエノキの下の草地には、秋になるとこのトンボたちの縄張りが点々と並ぶ。エノキの木の下の狭い空間には素通りできない何かがある。10月10日頃、そこを通りかかると知らぬ間に私はリスアカネの世界に入り込んでしまうのである。

　この絵の元になった写真は2015年10月13日にA地点で撮影したものである。

　次に紹介する蝶は、11月にA地点のエノキに集まり、その後12月に入るとヤナギ林のずっと奥に移動し越冬すると思われるものである。

## 蝶が河原で冬を越す

　秋遅く、ムラサキシジミとムラサキツバメの混群がこのA地点のエノキに集まる。ヤマセミの観察に出ようといつもの道を歩き出すと、目の前の枯草の上に鮮やかな紫色をした蝶が日の光を浴びてじっとしていた。2014年11月17日のことで、この個体はムラサキシジミの方だった。

　その鮮やかな色に圧倒され、周りを見渡したら、すぐ脇に枝を垂らしているエノキを取り巻くように小さな蝶が飛び回っている。これらは殆どがムラサキツバメであった。エノキはこの河原のあちこちにあるが、ここは特別らしい。この頃このA地点では10時過ぎに気温が15℃にもなる。蝶たちがいろいろ集まるわけである。私は、ヤマセミの観察をしてその行き帰りにこの蝶たちの動きを見守るなど、毎日盛りだくさんの交流に恵まれたのである。

　12月に入るとエノキも落葉が激しくどうなるものかと思っ

ていたら、ムラサキツバメたちはヤナギ林のずっと奥のあまり
高くないクワの木に移ったようであった。その発見は次のよう
な偶然が招き寄せた。私の場合、多くのことはあまり意図的で
はないのだ。

　2014 年の正月 3 日の朝、実はある家に招かれていたが、欠
席して河原に出た。この行動が思わぬ生き物との遭遇につな
がったのである。その時の気温は 0℃ を少し下回っていたが、
昼頃には 12℃ くらいに上がった。それで私はヤナギ林の奥の
水辺で作業を始めた。その途中長靴に水が入ったので仕方なく
岸辺の流木に腰を下ろし靴下も脱いで足を乾かしていた。1 月
に入っても天気さえよければそこには日がよく当たり居心地の
いい陽だまりになるのだ。
　しばらくして、何気なく振り返った時、すぐ後ろの草むらを
黒っぽい小さなものがヒラヒラと出入りするのが見えた。蝶々
としか思えない動きだ。ざっと数えて 4 匹はいる。後翅に尾の
ような突起（尾状突起）があり、後で蝶に詳しい友人たちに確
かめたらムラサキツバメであった。どうもここで越冬するらし
いのである。そこはちょっとした陽だまりになり、日が差しこ
むとそこの草むらは日光を浴びるのに好都合らしい。木からす
ぐ下にそんなところがあればよいということになるらしいと
思った。昼頃から 3 時過ぎまでそこには太陽の光が直接差し込
むのだ。この日からムラサキツバメとの付き合いが始まったの
である。

VIの⑭　クワの木の葉に群れるムラサキツバメ（2015.12.13）

　数日嵐がつづいた後越冬場所を探すことにした。先日まで皆で固まって休んでいたクワの木は、もう休むための葉っぱがない。近くにいるはずだ。すぐ脇にある高さ12メートルくらいのナナミノキから探し始めた。その木の南面の一番下の枝、地上約5メートルのところを見ると、なんのことはない、そこにムラサキツバメの群れがいた。そのナナミノキの葉っぱは、約3.5cm×14cmあり、革質で光沢がある。その平たい葉の半分より奥に6匹のムラサキツバメがくっつきあっていた。そしてその上に3、4枚の葉が重なり合って彼らに覆いかぶさっているなどうまいところを選んだものだ。彼らはそこで身を寄せ合っている。それでも風で枝が揺れると葉の隙間があき、全員の姿がちらりと見える。奥に向けて頭を寄せ合っているから、尾状突起の先にある小さな白い部分が陽の光を受けて輝く。

　そのグループから約1.5メートル離れたところの葉っぱにも

う 1 つ集団がいて、そこにも 6 匹いるようであった。大風が吹いても飛ばされない。雨の後だと日差しがあっても出てこない。もちろんうんと寒いと下りてこない。飛び回るのは暖かい日の昼すぎだ。

こんな風に、この太田川の河原では、彼らは秋口にエノキに集まり、少しすると越冬する常緑の木のそばにあるクワの木の葉に何十という密集集団をつくり、その葉も落ちるといよいよ常緑樹の葉に分散してくっつきあい冬を越すようである。柳林の中に点在するエノキとクワの木、それに常緑の木々の役割はまことに偶然なのだろうが、蝶たちにとって絶妙なお膳立てであったようである。

絵（Ⅵの⑭）の元になる写真は 2015 年 12 月 13 日に撮影した。これは、クワの木の葉にくっついている群れの様子である。朝 10 時 40 分ころ日が差してきて、モゾモゾと動き出す個体が出てきたところだ。文章は、『Grande ひろしま』の原稿を大幅に書き直した。

## 6　獣

昆虫が終わって、最後に獣を 1 種紹介することにしよう。狭い観察地の丁度中ほどのノイバラの茂みにテンはいるし、イタチが A 地点を通る。時にシカも来るのである。

### 音もなくシカは現れた

いつもの草むらを前にして私は A 地点に座っていた。10 月 24 日朝である。この章の最初に説明した道の入り口で、そこ

は柳の樹林の端っこにあり、夏草は伸びほうだいのまま秋を迎えていた。林は北風を防ぎ、南側には背の低い木しかなく、私はぬくぬくとした居心地のいい空間にただボーッと座っていた。草むら特有の青臭いにおいが私の鼻に襲いかかるほど草むらは太陽の熱にむせかえっていた。

その日、私はそこでリスアカネという小型の赤トンボの行動を観察していた。何事もないような草むらも、このころには越冬の準備にかかる小型の蝶たちもいる。草むらで日光浴をするもの、エノキの枝先の葉っぱで陽の光を浴びるものなど、殆どがムラサキツバメであった。

そのエノキを見上げている時、何か灰色っぽいものが視野の端で動いたのがぼんやりと見えた。丁度30メートルの距離である。よくよく見ると動物の胴体のようである。草をかき分け歩いているのに、全く音もたてない。スルリと正面にシカが現れたのだのだから、本当に感心した。ほんの少しずつ草を食べながら前に進む。数分たって1メートルほど進んだところで、グイっと首を挙げ私をじっと見始めた。

私に何も危険な気配がないと見たか、彼の様子は変わった。首をグイッと腰のあたりまで延ばしそこをかみだしたのだ。それでその腰の辺りの毛が逆立ってしまった。次にまた耳を大きく開きこちらに向けて聞き耳を立てる。ここで私が怪しい動きをするとすっ飛んで逃げるに違いない。

シカは用心しながらも首をぐーっと伸ばし、自分の目の前の小さな木に巻き付いているつる草の葉を食べだした。横目で私を見ながらである。それからもつかず離れず前へ横へと静かに歩いた。本当に音を立てないのだ。

VI の⑮　じっと私を見守るシカ（2015.10.24）

　人を見て逃げないとはいえ、人慣れしたものではない。野生のものがつくる間合いにこもった緊張感は、私には心地よい刺激であった。

　なんという草むらだ。赤い尻尾のトンボ、リスアカネを見ていたというのに、おなじ草むらに紫色に輝く小型の蝶、ムラサキツバメがいる。おまけに、側のエノキの葉には銀色に光を反射する蝶、ウラギンシジミが止まる。その他空中にはミツバチの類がたくさん飛び交い、シカまで加わる。わずか30メートル四方の陽だまりが図鑑の環境絵図のようになった。こんな光景はできすぎなのだ。作り話だろうと言われそうだが、しかし、これは現実である。ヤナギ林の端の草むらが生き物たちを呼び寄せる、そんな光景に感服した朝の出来事であった。

　この絵の元になる写真は、2015 年 10 月 24 日の朝に A 地点に座りながら撮影したものである。

ここまでこの河原の中でもほんの狭い限られた空間で出会った13種類の生き物たちについて書いてきた。なんでもない河原であり、ごく普通の生き物たちに違いない。そんなものたちに取り巻かれ、彼らと遊んだことを思い出しながら書いてみた。数えてみれば、2005年から2020年まで非常にたくさんの生き物にここで出会った。そのなかでも特に親しく交わることができたものたちに限ってここに取り上げた。

　見る人によっては、他愛もないものたちかもしれない。しかし、形は違ってはいても、同じ生命を持ったものとの交流は私にとってこの上ない贅沢と言って構わないだろう。

　少し言い方を変えると、私は個々の鳥たちを見ていたのではない。その背後にある命の動きを見ていると言った方がいいかもしれないのだ。昔の人なら造化と表現したかもしれない事柄を見つめていたというのが当たっているであろう。その造化の様々なありように接して喜びを感じてきた。その道のりをここにたどったのである。


　私が座っていたところは、流れの本流の影響を直接受けないところで、草木の生えた河原はグイっと陸側に広がっていて増水したとしても水につかるだけ。たまたま20年ばかりこの河原のヤナギ林は切られずに無事に育っていた。この自然にできた小ぶりの遊水池のような環境は、手付かずにしておかれたおかげで、たまたま草木、虫たち、そして鳥たちが季節に応じて頼りにできる環境をつくりだしていたのである。その事を象徴するのがヤナギの林の端っこにエノキに守られるように静かに存在する小さな草むらだ。

　そのヤナギ林の端っこに座る私は、そこに座り続けたことで物の見方が変わったことに気づきだした。既に書いたように、ギルバート・ホワイトの "All nature is so full" という表現に関する私の感覚は変わってきていたのである。その意味はよく理解しているつもりで、以前は、実は自信をもってその言葉を使えなかったのである。

　ところが、長い間この同じところに座り、主に鳥たちを見続けることで生き物をより深く知ることができたし、それに伴って鳥たちを取り巻く生き物たち、木々、草むら、そこに棲む無数の昆虫たちが共に創り出す世界の有様に私は充足していることに気づいたのである。その充足感、長い年月の間に経験した交流がもたらした喜びは、一つ一つ消え去ることなく積み重なりあふれるばかりの高揚感をもたらしていたのである。これでいいではないか、これ以上何を望むか、「ここの自然は満たされている」と時にそっとつぶやくのである。

　それと同時に、このシカと出会って思ったもう一つのことをどうしても付け足しておかなくてはならない。

　このじっと私を見つめるシカの目を見ていて、私は何か申し訳ない気分になった。彼はこの穏やかな草むらの一員なのだ。何一つ我々に害など及ぼしているわけはない。シカといえば今では害をなすものの中に入れられている。昔の人は彼らシカの鳴く声に耳を傾けこの世界の背後にあると信じる造化の流れを慈しんだ。今時の人たちはそんな余裕はないのだ。もはやそんな情緒など何処にもない様子である。彼らを害獣にしてしまう

権利が我々にあるのか。安易にその害獣意識に乗っかっているのではないか。われわれの文明のために自分の情緒を押し殺されながら、いや自ら押し殺しながら、人間の未来には目をつぶり、盲目的に押し進んできたのではないか。我々は自らの感性を取り戻すことから始めないといけないと反省したのであった。

## 7　花の咲く草と木

　最後に、私の座るＡ地点の周辺で出会った特定の植物たちについて語っておきたい。このＡ地点は、コンクリートで固めた平らな歩道とブロックの法面であると言ったらよいだろう。その法面に沿い私を挟んで川の上手に50メートル、下手に50メートル、合わせて約100メートル、幅約2メートルの間にこれまでの約10年間にここの林で見たことのなかった3種類の植物が姿を現した。

　なぜ2メートルかというと、それらの植物が根を張ったところが約2メートルの幅の中に納まっているからである。増水で水位は上る。その上ってくる高さというのが、多くの増水ではその高さが通常より5メートルから6メートル高くなることが多い。その事実がＡ地点のすぐ脇にある水位スケールで分かっているからでもある。

　3種の植物とは、ツメレンゲ、スイカズラ、マユミである。

### ツメレンゲが咲いていた

　どこから流れ着いたか、ツメレンゲが咲いた。2013年11月7日に咲きだしたのに気づいたが、その株の存在については友

人、水田国康さんに教えてもらったのだ。対岸の友人、東常哲也さんも、少し下流部で見つけたという。私は、ずっと遥か何10キロも上流部の人家で見たことがあったが、大きな岩と岩の隙間に生えていて川とは関係なかった。

　友人たちによると、この植物はもともと過酷な環境に生きているもののようだ。例えば瀬戸内地方では瓦屋根の上によく生えていたという。確かに、私の観察地のツメレンゲはコンクリート・ブロックの法面だ。その法面に生えているものはこのツメレンゲ以外何もなかった。なぜそこにあるのかが問題であったが、別の友人、渡部正明さんが、それなら数キロ上流に群落があると教えてくれた。そこは支流の河原なのだから、そ

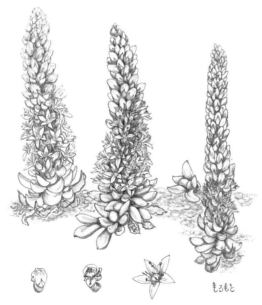

Ⅵの⑯　ツメレンゲが咲いた（2013.11.8）

こからここまで流れてきたと考えてもおかしくない。

このツメレンゲは、11月に入ったころに花を咲かせ始める。そして12月10日ころになってもまだ最後の花をつけている。一つ一つの花はずいぶん小さいし、夏の終わりころからこの植物は太い茎を約15センチ上にぐんぐん延ばすのだから、そんなに目立つこともない。

コンクリート・ブロックには他に何も生えていないし、何も心配していなかった。しかし、自然界のことである。そう簡単にはいかなかった。この群落が少しばかりの土を集め、ごみをためているところに他の草が群がり生えだした。私はこのツメレンゲにばかり関わっていられないので、時に覗くだけになった。しかし5年もすると、木まで群落の脇に生えだしたのだ。

栄養の乏しいところでもどんどん伸びるアカメガシワだ。ツメレンゲの群落は日陰になる。アカメガシワの実は渡り鳥を含め鳥たちの栄養補給には欠かせないものだが、このあたりには沢山あるし、これはツメレンゲの方を尊重したいと思うではないか。

介入するのはできるだけ避けたかったが、やむを得ず直径3センチメートルくらいまで育ったアカメガシワを切った。それでももう手遅れである。ツメレンゲは草むらに包まれ勢いを失ってしまい、姿を消した。コンクリート・ブロックの上でひとり盛んに咲き誇っていた時から今で8年、2021年になっている。ツメレンゲが咲いていた場所の周辺は草むらのままである。どこにも彼らの姿はない。パイオニアの役目が終わったというのであろうか。しかし、対岸の法面にある草地には今でもツメレンゲは咲いていると友人は言う。植物たちのことは一筋

縄では語れないようである。

　絵（Ⅵの⑯）の元になる写真は 2013 年 11 月 8 日に撮影した
ものである。


　次に移る前に、これらの植物を含め私の観察場所、A・B 地
点を中心にした俯瞰図（Ⅵの⑰）をここに示しておこう。

　今語っているこれらの植物は、私が観察している鳥の観察か
らすれば別格のものである。実際に観察地点の枠から外れるの
で、ここで図にした。ここの河原の観察中に目にし、気にかか
るこれらの植物を省くわけにはいかなかった。河原の植物の由
来、生育の現実、その盛衰など、鳥たちを取り囲む川の環境の
一部を示していると考えたからである。

　A 地点から横に細く伸びる歩道を見て頂きたい。今では 2
種しか見られないが、そこに 3 種が生きていることを示す図で
ある。上流部の 43 メートルに若いエノキが少なくとも 27 本も
生えている。ちょっと異常な密集状態である。くっついて生え
ているものが多く、それらをまとめて 1 本に数えたから、本当
はもっと多いに違いない。歩道の上にずらりと並んでいて、そ
の約 3 メートル下の草地にはエノキが見えない。それは、エノ
キの実が歩道に流れ着いたことを示す十分な証ではないか。


　たまたまにしろ、ここにたどり着いたエノキの実は 27 本の
若い並木に育っている。この遊水地状の河原にある柳林は更に
別の木々の育成に関わっているのだ。川が自然に植物の種類を
増やしている。そして、それまで以上に生き物たちをこの林に
呼び寄せているようである。

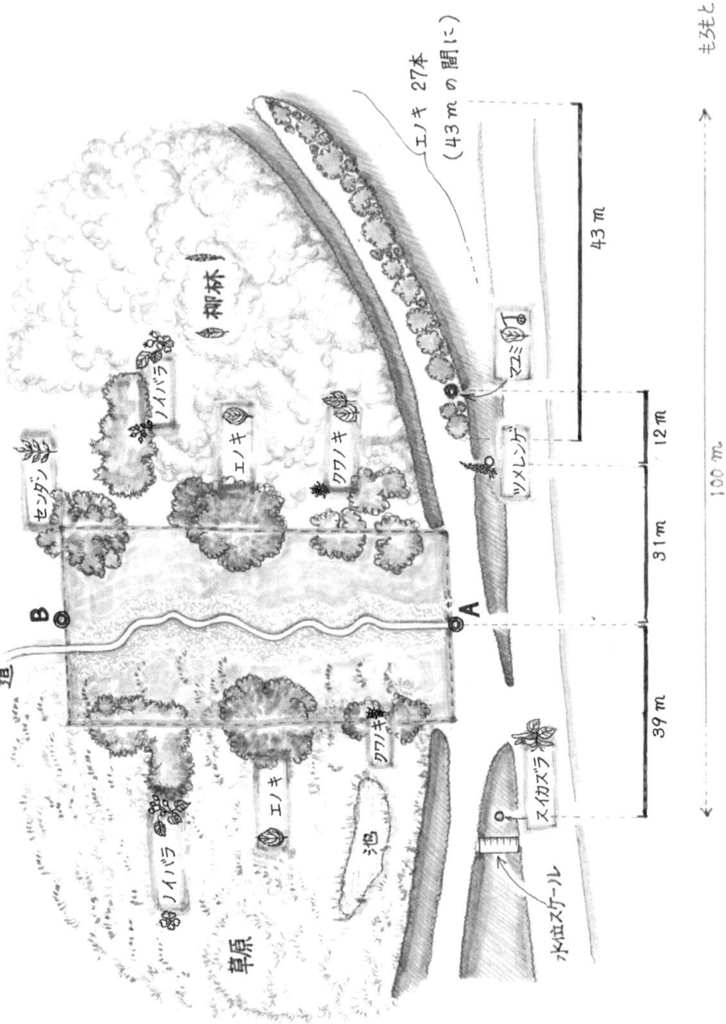

エノキ 27本
(43 m の間に)
43 m
12 m
31 m
39 m
100 m
柳林
ノイバラ
エノキ
クワノキ
センダン
マユミ
ツメレンゲ
道
B
A
エノキ
クワノキ
ノイバラ
池
草原
スイカズラ
水位スケール

　春にはチョウの1種、ゴマダラチョウが一定期間この若いエノキの並木を巡って飛び回る。2017年を例に挙げれば、5月13日から20日までここを離れなかった。そして同じく秋には9月7日を中心に姿を現した。ここでは毎年5、6匹がほぼ同じ時期に発生し、分散していくようである。冬になるとイカルたちがここに決まってやってくる。エノキの実がお目当てなのである。

　それらエノキ以外の3種の植物もたまたまそこに流れ着いたらしい。そして私が観察のために歩く場所の中にそのような植物は生えていないことから、実際にそこで生きている事実は驚くべきことである。当たり前のことではないだろう。ただでさえ破壊と再生を繰りかえすこの河原の自然に不用意にかかわってよいとは思えないと思った。

**スイカズラが咲きだした**

　それは、ゴールデン・ウイークも過ぎ、ノイバラの花がすっかり終わったころであった。図に示したスイカズラが咲きだした地点は、1本のノイバラの木のある所で、花がすっかりなくなって少し寂しくなったなと思って見たらそのノイバラの茂みの中からニューッとスイカズラの花のツルが伸びていることに気づいた。5月20日になっていた。これまで、そこでも、河原の別の場所でも見たことがなかったのである。うまい具合にノイバラの茂みに絡まってそこで定着できたらしい。

　そんな風に植物は上流から流されて生息域を広げることはあ

Ⅵの⑱　ノイバラの株からスイカズラがツルを出した
（2020.5.23）

るのだと想像したのである。ただ、このスイカズラとの付き合いは浅いので、これ以上のことはここで書かないことにしたい。

　ここで付け足しておきたい事があった。この原稿は書き終わってから手元にしばらく置いてあり、すでに秋になっていた。もう 2021 年 10 月 16 日である。

　俯瞰図（Ⅵの⑰）にエノキの並木というのがある。そのすぐ前 20 メートルばかりのところに日の差し込む明るい空間ができていた。大きな柳が倒れヤナギ林に小さな陽だまりができたのである。その日、そこまで近づくと、1 匹の蝶がふわりと飛びあがった。私が慣れていた蝶々たちとは少し違う飛び方だった。ふわーり、ふわーり、と飛んだ。そして滑空もゆったりしていて、どこか雰囲気が違う。私は蝶に詳しくないので、ともかく写真だけは撮っておき、後でベテランの友人、東常哲也さんに尋ねた。アサマイチモンジであろうという。彼の経験で

は、沿岸部で出会うことが多いらしい。それに、彼らの食草が
スイカズラだというのだ。

　スイカズラは、ここで取り上げたように、1 年前にここで見
つけたもので、私の観察地ではそれまで見たことがない植物で
ある。その近くに、これもそれまでここで見たことのないアサ
マイチモンジが出現したというのは偶然であろうか。なんとも
言えないとはいえ、生き物たちが見せてくれるこの小さな観察
地の有様に感動した秋の日の朝の出来事であった。


　この絵の元になる写真は 2020 年 5 月 23 日にそのノイバラの
茂みで撮影した。


　ここで最後の 1 種類の植物を紹介しておきたい。


### マユミが咲いた

　毎日のように歩く道の脇の若い木にこんな赤い実が付いた。
気づいたのは 11 月 18 日のことである。この河原で初めて見る
ものだが、これまで見過ごしていたとはちょっと考えられな
い。この木は地上から 1 メートルのところで直径 3.2cm であ
る。そこはエノキの陰になり日当たりが悪く、あまり木の勢い
がよくない。花も実も少ないので目立たなかったのかもしれな
い。先に述べておいた沢山のエノキの間にその木は生えてい
た。実はついているが、この類の多肉な木の実は、鳥たちの食
いつきがとても悪い。2 月の終わりになってようやく無くなる
のだから、その木の脇を通る時に見落とすとは考えにくい。エ
ノキ同様、増水で流れ着いてやっと実をつけたのではないかと

VIの⑲　日陰でマユミが実をつけた（2020.11.19）

考えた。これも付き合い始めたばかりでこの木の実情がよく分からないから、これ以上書かないことにする。

　この絵の元の写真は、2020年11月19日に撮影したものである。


　次のサクラソウも付け足しではあるが、この観察地の特徴的光景につながっているので、抜かしておくわけにもいかず書いておくことにした。


**サクラソウが咲いた**

　2021年3月21日、午後の3時になったばかりの頃河原に出た。いきなりツバメ類の声に取り囲まれていた。3月のいつもの光景だと思いただ座っていたが、ツバメたちの姿は途切れない。川下から飛んでき、飛び回りながらも少しずつ川上に向かうのも例年通りである。

この日、午前中は天気が悪く、昼からやっと青空も少し見えだしたという頃である。私は30分しか見ていないが、その間、ツバメたちは低空を殆ど切れ目なく通過していった。ツバメたちは、コシアカツバメ、ツバメ、イワツバメ、とてもとても賑やかであった。鳴き声が降り注ぐように聞こえるのである。それにこの日はアマツバメ3羽も加わって、その胸のすくような飛翔を見せてくれたのである。

それだけでなく、ツバメたちのすぐ脇を、というのは私の頭上低く、ハヤブサが1羽短い距離を行ったりきたり、更に、西の空にノスリが1羽ぽっかりと浮かびあがると、ゆったりと帆翔して空高くあがり、頭上に来た。ゆっくりゆっくり東に進むのを見ていると、もう1羽がその帆翔に加わりくるくると回って、最後は雲の中に2羽とも消えていった。少し大げさだが、どこもかしこも鳥たちでいっぱいであった。

河原のこの場所は、「自然はとても満たされている」という大きな絵図をほんのちょっとの時間私に展開してくれたのである。生き物たちはそれぞれのやり方で命を燃やして活動する。ツバメたちが過ぎ去ると一時静かになるが、すぐにまたセッカたちが鳴きだし飛び回る。ここの川辺を彩る季節ごとの主人公たちはどんどん入れ変わり、「満たされている」という私の実感は密度を増していくのだ。この日もそれを堪能していた。なんと素晴らしい世界だと言いたいのである。

ツバメたちの一団が通り過ぎたあと数日たった時、更に私の目を奪うような花が咲いた。腰掛け石のすぐ脇にある水際の急斜面に、サクラソウが1株だけ咲いたのである。これまで何年

も脇を通っているから見落とすはずがない。このサクラソウは、友人、渡部正明さんによるとプリムラ・マラコイデスという西洋サクラソウのようである。何らかの理由で、園芸種が流れ着いたのだろうということになった。小さな植物も流れ着きやすいところなのだろう。川の流れの地点からすれば、先にあげたスイカズラが咲きだした地点とほぼ同じなのだ。いかにこのヤナギ林が生き物たちの命にかかわっているか実感したのである。たどり着いたこの地点で、そのサクラソウは何年もかけて花をつけたのだと思った。

Ⅵの⑳　水際に流れ着いたサクラソウ（2021.4.2）

　ただいつもながら気にかかることは、このサクラソウもここ
で生き続けるとは思えないことである。川岸で、水際まで数
メートルしかないところに根を張ったのだから、増水でこの年
中に流されてしまいかねない。河原はなかなかに生きにくいの
である。

　それでも、思いがけない花が咲いたりしてこの観察地点は不
思議なところだと思う。ツバメたちは群れを成し川に沿って北
に向かう。そして、ノスリは西から東に飛ぶ。彼らは、ここで
交差しているのである。アマツバメたちは少数ながら 4 月に
なっても川沿いに北に向かって飛ぶ。それと交差するようにエ
ゾムシクイが鳴きながら足早にヤナギ林を抜け、丘の斜面を上
がって東に去る。4 月後半にはサンショウクイが川沿いの丘の
上空を鳴きながら東に移動し、その下の林ではコルリが一時鳴
いて通ることもある。5 月にはホトトギスが夜中に鳴きながら
東に向かう。6 月になるとアカショウビンが川沿いの丘で鳴く
こともある。秋も 10 月中旬にはショウドウツバメがここの川
筋を利用してから西に向かって移動していく印象があり、その
他の渡り鳥たちも、例えば、コメボソムシクイ（今ではオオム
シクイ）が河原のヤナギ林の辺り、私の家の近くの丘の林に少
しの間滞在して東に西に移動するというこの現象はこの私の観
察地点周辺が鳥たちの移動の交差点であることを示しているよ
うである。これは私の本（『柳林のヤマセミたち』pp.5 ～ 10）で
も述べている通りだ。

　この移動の交差点と思われるヤナギ林を巡って、種類にして
も数にしてもそんなに多いというわけではないが、鳥たちが訪
れる。いろいろの人たちは鳥が減った、特に山の鳥が減ったと

219

言う。確かに私も感じている。そして少しは理解しているつもりである。全体的にはそうであろう。けれども、場所によっては事情が少し変わる。アトリにしても、カシラダカも、この私の観察地点に群れを成してやって来る。これもうんと減ったと言われるイカルにしても、ここのヤナギ林には毎冬確実に30羽くらいの群れが姿を見せる。

**ここのヤナギ林がはぐくんでいる自然環境は、人知れず彼ら小さな鳥たちの大切なよりどころなのである。数少ない避難場所かもしれない。河畔林としてのこのヤナギ林が創り出す生き物たちの棲息場所を手付かずにしておくことは、増水などの破壊、更にそこからの復元を含めて我々にとって重要な環境の一部を維持することにつながると信じている。この川辺の今の姿を心にとどめ、注意深い目と心を注ぎたいものである。**

これで、我知らずこしらえた道で続けた観察の紹介は終わりである。しかし、ここの河原の散策は終わりがない。どこまでも、"All nature is so full" という言葉に込められたホワイトの思いを私なりに追い求めていく長い旅になることであろう。我々はともすると「あるべき自然」という物差しを頭の中に描きがちである。しかし、それはひとまず置いておいて目の前の環境に目をやりじっと見る。すると、そこは意外と生き物に満ちているのである。

この章で、私は自分の親しんだ生き物たちについて語った。彼らはこの河原を代表するものたちであると言っていいだろ

う。何もないよと言われそうなところだけれど、長い時間をかけて見ていると、彼らの姿は見えてくるのだ。この河原を田舎と置き換えても同じで、町の中の田舎である。生き物の一つとしての我々が、鳥、昆虫などの生活の真実を感じ、知る可能性に満ちた場所であり、何もないと言いがちな我々の心の在り様を反省して振り返るところでもある。

　私はところによってはナチュラリストと名乗っているが、ここまで語ってきても、正直言って、まだ、ナチュラリストというカタカナの肩書はしっくりとこない。やはり、ただ田舎の好きな観察者と言った方がいいであろう。


　ともかく、私はこれまでのように川床の腰掛け石にボーっと座り続けるであろう。川風が強い日もある。瀬音が荒々しい日もある。雨の日もあるが、雨の後、朝日が射してくると私は新鮮な気分に満たされる。ハヤブサがわざとのように頭のすぐ上を飛ぶとその日は爽快である。日によって光景が違う。そんな河原に何するでもなく座り続ける日々が続くであろう。その先に何が起こるか、何が見えるか、早朝の楽しみなのである。

# 引用文献

今西錦司、『ダーウィン論』、中央公論社、昭和 54 年
烏賀陽貞子・恒正、『野鳥を楽しむ』、筑摩書房、1985 年
岡潔、『紫の火花』、朝日新聞社、昭和 39 年
山本七平、『論語の読み方』、祥伝社、昭和 57 年
吉田兼好、『徒然草』、三木紀人訳注、講談社学術文庫 428、1979 年

WWGH（広島野生生物観察グループ）、『大きなニレと野生のもの
　　たち―ツチハシの自然誌　1990 ～ 2004―』、文芸社、2004 年
中林光生、『あるナチュラリストのロマンス』、メディクス、2007 年
中林光生、『GRANDE ひろしま』創刊号、グリーンブリーズ、2013 年
中林光生、『街なかのタマシギ』、渓水社、2018 年
中林光生、『柳林のヤマセミたち』、渓水社、2020 年
中林光生、『ひろしまの野鳥 7』、「私の散歩道で出会った野鳥たち」、
　　日本鳥類保護連盟広島県支部、昭和 51 年

環境庁、『動物分布調査報告書（鳥類）』、1979 年
日本鳥類保護連盟、『野外観察用鳥類図鑑』、絵・高野伸二、文・柳
　　澤紀夫、日本鳥類保護連盟、昭和 49 年
広島女学院、『牛田山の自然』、1988 年
広島県坂町、『坂町史自然編』、2009 年
ひろしま野鳥の会、『森のたより』創刊号、1978 年
日本野鳥の会広島県支部、『森の新聞』創刊号、1982 年
日本野鳥の会広島県支部、『Strix』創刊号、「西中国山地鳥類繁殖調
　　査」、1983 年
日本野鳥の会広島県支部、『ひろしま野鳥図鑑』、1998 年
日本野鳥の会、『野鳥』363 号、昭和 51 年
山階芳麿、『日本の鳥類と其生態』、出版科学総合研究所、1980 年

シートン、アーネスト・トムソン、『シートン動物記 6』、内山賢次訳、

評論社、昭和 28 年

ティンバーゲン、ニコ、『好奇心旺盛なナチュラリスト』、阿部直哉・
　斎藤隆史訳、思索社、昭和 55 年

ホワイト、ギルバート、『セルボーンの博物誌』、注釈　市河三喜、
　研究社、昭和 18 年

メリル、リン・L、『博物学のロマンス』、大橋洋一他訳、国文社、
　2004 年


Allen, David Elliston, *The Naturalist in Britain*, Penguin Books,
　1978

Darwin, Charles, *The Voyage of The Beagle*, intro. by Steve Jones,
　Modern Library, 2001

Franz, R. W., *The English Traveller and The Movement of Ideas,*
　*1660〜1732*, Octagon Books,1968

Gosse, P. H., *Romance of Natural History*, Gould and Lincoln, 1861

Lockwood, W. P., *The Oxford Book of British Bird Names*, Oxford
　University Press,1984

Merrill, Lyn L., *The Romance of Victorian Natural History*, Oxford
　University Press, 1989

Pennant, Thomas, *A Tour of Scotland in 1769*, Melven Press, 1769

Smiles, Samuel, *The Life of a Scotch Naturalist -Thomas Edward-*
　*Nature and Natural History*, John Murray, 1905


White, Gilbert, *The Natural History and Antiquities of Selborne in*
　*the County of Southampton*, Swan Sonnenschein, Lowrey & Co.,
　1887

White, Gilbert, *The Natural History of Selborne*, ed. by John Lewis,
　drawings by John Nash, Lutterworth Press, 1950

White, Gilbert, *The Natural History of Selborne*, ed. by R. M.
　Lockley, Everyman's Library, 1974

White, Gilbert, *The Natural History of Selborne*, 1860 illustrated edition, note by J. G. Wood, facsimile edition, Gresham Books, 1979

# あとがき

　表題にナチュラル・ヒストリーという言葉を使った。人はこれを見てすぐに博物誌あるいは博物学を思い浮かべ、古臭いものを感じるに違いない。それは当然で、私も覚悟している。

　この言葉が博物学を指すものとして、イギリスでは 18 世紀後半には人々の意識するところになったようである。その頃既に世は科学の時代に入りつつあり、古くから続いてきた自然に対する思いと科学の間には溝ができつつあった。その間に芽生えた博物学と言われる一つの文化はその溝を埋めて余りあるものであった。この文化は 19 世紀には世の人々の間に広がり、人々は町に住みながら、文明に荒らされていない田舎に憧れに似た感情を強く抱きだしたのである。

　我々がどうしても離れられないこの「町と田舎」のテーマに親しみを感じていた私が、もう 50 年も前に兵庫県の宝塚から広島市内にやってきて、牛田という小さい街並み、里山に囲まれ田んぼのある箱庭と言ってもよい風景に出会ってすぐに馴染んだのは、一つにはその牛田という場所では町と田舎という要素が何とか折り合いを見せていたからと言うべきであろうし、元々田舎を受け入れるお膳立てが私の中にできていたからと言うべきかもしれない。

　その牛田というところは、低い山に馬蹄形に囲まれた田んぼの広がる場所で、家々は主に山沿いに立っている。その馬蹄形の空いた部分をふさぐように、西の端は太田川という大きな川に接していた。広島の市街地に接しながら別の世界のように隔

離されていたと言えばよいだろう。1935年ころの牛田の様子を書いた丁度良い文章があるので引用してみよう。岡潔著、『紫の火花』の一節である。

　　ここは海から大分遠く、西は太田川で境せられ、他の三方は松山で囲まれた一区画である。大体、田であって家は山沿いにしか建っていない。（岡　p.142）

　この文章から40年たって私がその牛田に住みだした頃は、すでにその田んぼにも家がかなり建っていた。大昔そこは荘園だったと伝えられていて、国有林である山も、田んぼも昔の面影を残しながら「町」に侵食されつつあった。
　しかし、そこはとても緑濃い、更に田んぼのある魅力的な「田舎」であった。小川が流れ、田んぼが残り、周りに家々が並び、それを里山が取り囲んでいる。田舎の風景の要素が凝縮されてそこにあった。
　その街並みの中の田んぼに棲んでいたのがタマシギで、彼らに出会った瞬間からどこか懐かしさのようなものを感じたのである。初めは町中に田んぼは8枚くらいあり棲む場所には少し広がりがあったが、最後には5枚になるという具合に彼らは狭い空間に閉じ込められていき、ある日タマシギたちの個体群は消滅した。

　環境が良いと言って人々が住むようになり、環境が悪化したというのは皮肉なことである。こんな「町が田舎を食いつぶしていく」具体例を体験した私は、その後日本野鳥の会の県支部

を立ち上げてから、有志を募り皆で西中国山地に山小屋を建て
た。町の人間の隠れ家ではなく、山里と言うべきか、ごくわず
かの人間が住む究極の田舎の小さな村とそこにいる生き物たち
を体験するためのものである。観察のための素朴な山の小屋と
いう思いを具体化したものであった。

　そこは農家が5、6軒、それに神社が一つあるだけのごく小
さな集落である。山小屋のすぐ隣には樹齢400年のハルニレが
大きな枝を伸ばし、その集落を見下ろしている。その木の根元
には小さな祠があり、しめ縄がかかっていて、何か大いなるも
の、造化の背後にあるものを敬う地主の心根が感じられた。野
鳥の会広島県支部の皆にはこんなところ、遥か昔から変わらな
い日本人の住むところに入り込んで、田舎の原点のような村を
包む自然環境を味わってほしかったのである。

　それは出過ぎた思いであったかもしれない。皆さんに単に珍
しい鳥を求めて西中国山地に出向くのではなく、そこにいるこ
とによって体験できる新鮮な感覚、日本人が本来持っていると
思われる情緒を取り戻すことを願っていた。町の人が町の生活
感覚を田舎に持ち込むのではなく、まず田舎が醸し出す単純で
清々とした雰囲気を少しでも味わってもらいたいと願ったので
ある。その経験を土台にして、町も田舎も客観的に理解できる
ようになってほしかったのである。我々の根本にあると思われ
る「田舎」が持ち合わせていると私が信じるもの、雰囲気が、
その土橋という集落にはあると思った。

　田舎、田舎と言っている私は田舎を見下しているわけではな
い。田舎という言葉にぬぐいがたく偏ったイメージがこびりつ

いているのは仕方がない。不便で、遅れた何もないところなどと言っていないことは分かっていただけるだろう。近くの町に行っていてたまたま暇があったので、「ちょっとそこの川を覗いてみる」と言うと、殆どの場合、「何もないよ」と即座に答えが返ってくる。田舎も大抵は同じ扱いなのだ。私はそうは思っていない。身の回りの自然に対する愛着、そしてその環境への充足感、我々日本人が昔から持っている身の回りの生き物たちに対する温かいまなざし、深い共感の心が、田舎の素朴な生活の中で育まれていると私は信じているからである。

　参考のため、私のイギリス人の知り合いたちを例として取り上げてみよう。彼らは好んで田舎の村に住んでいる。尖塔のある教会が一つ、全く目立たない郵便局が一つ、パン屋さんも一つ、肉屋が一つ、車の修理屋さんが一つ、それに雑貨屋さんも一つなどがあるだけの典型的なイギリスの田舎の村である。

　友人たちの家は別荘ではない。ごく普通の生活の場として農地に囲まれた村に彼らは住みたがるのだ。その家も、200年から300年もたった古い家を探し、それを自分で手直しして住んでいる。その居間、食事をする部屋の壁も調度品も古くくすんだ色をしていて、まるで田舎風のたたずまいである。そして、昔ながらの行事、風習を村の住民と一緒に守り楽しむ。私もその村に住んで、村人と行事を楽しんでいた。

　その村は文化的にもそれなりの独自性を保っている。例えばクリスマス・シーズンのパントマイム劇（セリフも動作も普通の劇と変わりない）など、役者はすべて村の人である。村の中学校を借りた会場は三日間大入り満員になるなど受けに受け

る。ロンドンの劇場でも、BBCの番組でも同じ演目、例えば
「シンデレラ」があるのに、うちの村はうちの村であり、自前
で劇を演じる。まるで自立しているのである。学校の講堂は村
の芝居小屋になり、そこで村人が年に一度大いに楽しみ合う、
この形を毎年続けているという。自分たちで自分たちの生活を
守っている。

　産業革命という文明の荒波を真っ先にかぶった彼らは、意外
にも文明に生活を分断されることなく昔のものを手放そうとし
ない。住んでいる土地に対する愛着、そこで行ってきた行事、
お互いの結びつきなど、心の中に息づいている情緒をごく自然
に維持しそれを楽しんでいる。何か良いものがありはしないか
と追い求めあくせくすることもなく、自然の世界の推移に寄り
添い、古いもの、昔から受け継いできたものを慈しみ、古い村
のたたずまいを楽しみ守っている。学ぶべきところがあると
思った。


　そんなもろもろの経験を抱きながら、その後、私はまた広島
市内に目を向けた。私の住む家のすぐそばを流れる太田川の河
原を散策するようになったのである。これも田舎といえば田舎
である。大きな川であるから、その川の管理という大きな力と
河原の自然環境は絶えず利害が反することになる。この川は国
の管理下にあるから、洪水、ダム、そして大きな堰などが絡み
「町」の要素はなんとも大きくなる。そんなところの特定の河
原の自然環境がどのような状況に置かれているか見守りなが
ら、条件次第ではあるが、町の近くでもある程度環境は維持で
きる可能性もあると私は思い始め、「田舎」への熱い思いがま

たも蘇った。2005年以来河原の観察は続いている。

　とはいえ、主張しようとここの観察を始めたのではない。たまたまここだったのである。そして、これは私の楽しみなのである。その川の生き物たちは生きている場所を増水などでしきりに破壊される。それでもいつの間にか彼らは復活する。それを見て、私は繰り返し心の中で生き物たちと共にある喜びを反芻してきた。18世紀のイギリス人、ギルバート・ホワイトが言った"All nature is so full"の祈りのような気分を思い返しながら、これからも私はずっと河原に通いそうだ。

　この本は私の「個人的回想」ではあるが、様々な生き物たち、沢山の人々との交流の記録でもある。生き物たちの生きている様子だけでない、それらの人たちの様々な思いにずっと支えられてきたのを思い出す。過去の事柄で抜け落ちてしまいそうな部分を多くの人々に補ってもらった。観察、観察と言い前に進むだけの私を、妻の美紀子はよく支えてくれた。冷たい水の中で大きな石を動かすときは、長男に手伝ってもらった。そして次男は防寒服の相当である。これまで数えきれないほどの人が助けてくれたことを思い有難かった。また、諸本泉さんには、いつも以上に沢山の挿絵を描いてもらい、さらに、表紙カバーの絵まで描いてもらった。

　2021年5月28日

中林光生

# 索　　引

**著者**

中林　光生（なかばやし　みつお）

1940 年　新潟県長岡市生まれ

1966 年　関西学院大学大学院文学研究科（英文学）修了

1985 年　ケンブリッジ大学 Pembroke College に遊学、RSPB（The Royal Society for the Protection of Bird）の支部、ケンブリッジ・メンバーズ・グループに所属

2005 年　広島女学院大学名誉教授


著書　『大きなニレと野生のものたち』（共著）文芸社　2004 年
　　　『あるナチュラリストのロマンス』メディクス　2007 年
　　　『街なかのタマシギ』渓水社　2018 年
　　　『柳林のヤマセミたち』渓水社　2020 年

論文　「湿田のタマシギ」『アニマ』平凡社　1980 年
　　　「野鳥は祠と共にあり」『夏鳥たちの歌は今』遠藤公男編　三省堂　1993 年

## ナチュラル・ヒストリーのよろこび

—「田舎」に遊び、歴史に学ぶ—

令和 4 年 5 月 10 日　発行

著　者　中　林　光　生

発行所　株式会社渓水社

　　　　広島市中区小町 1-4（〒 730-0041）

　　　　電話 082-246-7909　FAX082-246-7876

　　　　e-mail: info@keisui.co.jp

印刷・製本　モリモト印刷

ISBN978-4-86327-593-5　C0045

中林光生著　既刊書好評発売中！

# 街なかのタマシギ

四六判・252頁・3,080円（税込）

変わりゆく環境の中で衰亡していくタマシギ
に寄り添い見守り続けてきた著者が6年間の
観察を記した、ナチュラリストの記録。

# 柳林のヤマセミたち

四六判・232頁・2,750円（税込）

間もなく激しいキャラキャラ・・・・と叫ぶ鳴き声に取り囲まれた。
それは絶対に許さないという迫力に満ちていた――

ナチュラリストである著者が克明に記す、一組
のつがいとの劇的な遭遇を基端とする13年間の
ヤマセミたちの記録。

溪水社